CAD Effiziente Anpassungs-
und Variantenkonstruktion

Springer
*Berlin
Heidelberg
New York
Barcelona
Budapest
Hong Kong
London
Mailand
Paris
Tokyo*

Dieter Roller

CAD

Effiziente Anpassungs-
und Variantenkonstruktion

Mit 119 Abbildungen

Prof. Dr. Dieter Roller
Universität Stuttgart
Institut für Informatik
Breitwiesenstraße 20-22
D-70565 Stuttgart

ISBN 3-540-58779-9 Springer-Verlag Berlin Heidelberg New York

Die Deutsche Bibliothek – CIP-Einheitsaufnahme
Roller, Dieter: CAD: effiziente Anpassungs- und Variantenkonstruktion /Dieter Roller.
Berlin; Heidelberg; New York; Barcelona; Budapest; Hong Kong; London; Mailand; Paris; Tokyo:
Springer, 1995
ISBN 3-540-58779-9

Dieses Werk ist urheberrechtlich geschützt. Die dadurch begründeten Rechte, insbesondere die der Übersetzung, des Nachdrucks, des Vortrags, der Entnahme von Abbildungen und Tabellen, der Funksendung, der Mikroverfilmung oder der Vervielfältigung auf anderen Wegen und der Speicherung in Datenverarbeitungsanlagen, bleiben, auch bei nur auszugsweiser Verwertung, vorbehalten. Eine Vervielfältigung dieses Werkes oder von Teilen dieses Werkes ist auch im Einzelfall nur in den Grenzen der gesetzlichen Bestimmungen des Urheberrechtsgesetzes der Bundesrepublik Deutschland vom 9. September 1965 in der jeweils geltenden Fassung zulässig. Sie ist grundsätzlich vergütungspflichtig. Zuwiderhandlungen unterliegen den Strafbestimmungen des Urheberrechtsgesetzes.

© Springer-Verlag Berlin Heidelberg 1995
Printed in Germany

Die Wiedergabe von Gebrauchsnamen, Handelsnamen, Warenbezeichnungen usw. sowie von Verfahren, Methoden und Systembeschreibungen in diesem Werk berechtigt auch ohne besondere Kennzeichnung nicht zu der Annahme, daß solche Namen bzw. Verfahren im Sinne der Warenzeichen- und Markenschutz-Gesetzgebung oder des Patentrechts als frei zu betrachten wären und daher von jedermann benutzt werden dürften.

Umschlaggestaltung: Künkel + Lopka Werbeagentur, Ilvesheim
Umschlagabbildungen: The Image Bank und Bavaria Bildagentur
Satz: Reproduktionsfertige Vorlagen vom Autor
SPIN 10131853   33/3142 – 5 4 3 2 1 0 – Gedruckt auf säurefreiem Papier

Meinen Kindern
Ellen und Frank
gewidmet

Vorwort

CAD-Systeme sind heute für viele Anwendungsfelder unstrittig effiziente und oft sogar unverzichtbare Werkzeuge. Verstärkte Wettbewerbsbedingungen zwingen jedoch Industriebetriebe zunehmend dazu, ihre Produktentwicklungszeiten weiter zu verkürzen. Gleichzeitig wird eine höhere Qualität, Funktionalität, Wirtschaftlichkeit und Abdeckungsbreite des angebotenen Produktspektrums angestrebt. Um dies zu erzielen, muß neben organisatorischen Maßnahmen mehr denn je auf bewährten Lösungen aufgebaut und Doppelarbeit bei der Entwicklung vermieden werden. Eine effiziente CAD-Unterstützung für Konstruktionsanpassungen und Variantenbildung wird daher in zunehmendem Maße eine Schlüsseltechnologie für den langfristigen Erfolg von Unternehmen, häufig sogar ein Überlebenskriterium.

Ziel dieses Buchs ist es, Konstruktionsleitern und Technologieverantwortlichen sowie Anwendern und Entwicklern von CAD/CAM-Systemen der Stand der Technik für rechnergestützte Änderungs- und Variantenkonstruktion im Maschinen- und Anlagenbau zu vermitteln. Dazu werden zunächst im ersten Kapitel aus dem Konstruktionsumfeld Anforderungen an moderne CAD-Systeme abgeleitet und speziell für Variantenmodelle Anwendungsfelder aufgezeigt.

Kapitel zwei beschreibt den grundsätzlichen Aufbau von zwei- und dreidimensionalen Modellen und zeigt, wie in modernen CAD-Systemen mit mächtigen Funktionen interaktiv Modelle aufgebaut werden können. Die anschließenden Kapitel drei und vier behandeln zwei prinzipiell verschiedene Vorgehensweisen zur Erzeugung von Konstruktionsänderungen bzw. -varianten. Dabei wird zuerst die Variantenerzeugung durch eine unmittelbare Modellmodifikation für zweidimensionale Zeichnungserstellungssysteme und dann für dreidimensionale Modelliersysteme beschrieben. Als alternativer Ansatz wird anschließend eine grundlegende Einführung in die Bildung von Varianten durch parametrische Modellierung gegeben. Dabei wird insbesondere die Bedeutung und Handhabung von sogenannten Restriktionen bzw. Constraints erläutert, die parametrischen CAD-Systemen zugrundeliegen. Schließlich wird das allgemeine Verfahrensprinzip, nach welchem konkrete Systeme üblicherweise aufgebaut sind, erklärt.

In Kapitel fünf werden verschiedene Methoden, die heute bei der parametrischen Modellierung zum Einsatz kommen, beschrieben und ihre spezifischen Merkmale herausgearbeitet. Um sowohl die Problematik bezüglich der Handhabung von Restriktionen als auch einige besonders wichtige Anwendungsfelder der Variantentechnik und parametrischen Modellierung zu verdeutlichen, werden im sechsten Kapitel verschiedene Beispiele vorgestellt. Kapitel sieben beinhaltet eine Einführung in weitergehende Ansätze, die auf den bis dahin vorgestellten Grundkonzepten aufbauen und in starkem Maße künftige CAD-Systeme beeinflussen werden.

Nach der Beschreibung der Modellieransätze ist Kapitel acht dem Thema Verwaltung von Varianten gewidmet, was für eine effiziente Nutzung der Variantentechnik ebenfalls eine sehr wichtige Rolle spielt. Kapitel neun beleuchtet anschließend Wirtschaftlichkeitsaspekte, die bei der industriellen Einführung von CAD-Systemen für Anpassungs- und Variantenkonstruktion berücksichtigt werden müssen. Schließlich werden im letzten Kapitel einige der führenden modernen, kommerziellen Systeme entsprechend ihrer Haupteigenschaften in die im vorliegenden Buch beschriebenen Techniken eingeordnet.

Meinem Kollegen Herrn Prof. Dr. Hans Hagen möchte ich an dieser Stelle für die Ermutigung zu diesem Buch und für viele anregende Diskussionen und Ratschläge herzlich danken. Mein besonderer Dank gilt auch meinen Mitarbeitern Herrn Dipl.-Ing. Heinz Kohl und Herrn Dipl.-Inform. Uwe Richert für das sorgfältige Korrekturlesen des Manuskripts, sowie Herrn Uwe Heinkel für seine Unterstützung bei der Erstellung der Abbildungen. Frau Dipl.-Inform. Ursula Zimpfer, Frau Dorothea Glaunsinger, Herrn Dr. Michael Barabas und Herrn Dipl.-Inform. Gerhard Rossbach vom Springer-Verlag gebührt mein Dank für die stets ausgezeichnete Zusammenarbeit und Unterstützung während der Entstehung dieses Buchs.

Stuttgart, im Frühjahr 1995   Dieter Roller

Inhaltsverzeichnis

1. Einführung und Problemstellung   1

    1.1. Bedeutung der Konstruktion innerhalb der
Produktentwicklung 1
    1.2. Anforderungen an CAD-Systeme 8
    1.3. Modifikationstechnik und parametrische Modellierung 10
    1.4. Anwendungsfelder für Variantenmodelle 14

2. Rechnergestützte Konstruktion   19

    2.1. Zweidimensionale Modelle 19
    2.2. Dreidimensionale Modelle 22
    2.3. Interaktive Modellerstellung 28

3. Variantenerzeugung durch Modellmodifikation   35

    3.1. Grundlagen 35
    3.2. Änderungsfunktionen in zweidimensionalen Systemen 40
    3.3. Modifikation von dreidimensionalen Modellen 43

4. Variantentechnik durch parametrische Modellierung   51

    4.1. Explizite und implizite Restriktionen 51
    4.2. Topologische Restriktionen 58
    4.3. Restriktionseditierung 60
    4.4. Restriktionsanzeige 64
    4.5. Allgemeines Verfahrensprinzip 68

5. Methoden zur Evaluierung parametrischer Modelle   73

    5.1. Variantenprogrammierung 73
    5.2. Sequentielle Rekonstruktion 79
    5.3. Simultane Lösung von Restriktionsgleichungen 83
    5.4. Regelbasierte Variantenberechnung 93
    5.5. Generative Methode 100
    5.6. Unterbestimmte und überbestimmte Fälle 108
    5.7. Abschließende Bemerkungen zu den Verfahrensklassen 111

6. Ausgewählte Anwendungs- und Konstruktionsbeispiele 113

6.1. Beispiele für nichttriviale Restriktionskonstellationen 113
6.2. Kinematische Analyse und Simulation 117
6.3. Repräsentation von Teilefamilien 122
6.4. Parametrische Normteilbibliotheken 124
6.5. Umsetzung konventionell erstellter Zeichnungen 129

7. Weitergehende Ansätze 133

7.1. Modellierung von Strukturvarianten 133
7.2. Toleranzmodellierung 142
7.3. Parametrische Form Features 148

8. Verwaltung von Varianten 163

8.1. Generelle Anforderungen an die Datenverwaltung 163
8.2. Klassifikation und Sachmerkmale 165
8.3. Datenaustausch 168
8.4. Assoziation zu parallelen und subsequenten
     Applikationen 173

9. Wirtschaftlichkeitsaspekte 179

9.1. Kosten und Nutzen 179
9.2. Rentabilitätsbestimmung 183

10. Verfügbare Lösungen 185

10.1. Produkte 185
10.2. Anbieteradressen 195

Literaturverzeichnis 197

Stichwortverzeichnis 207

1. Einführung und Problemstellung

Die Forderung nach kurzen Innovationszyklen und nach schnellen Konstruktionsänderungen aufgrund der Verfügbarkeit von Simulations- und Analyseverfahren sowie die historisch gewachsene Konstruktionsvielfalt werfen neue Problematiken für CAD-Systeme auf. Im folgenden wird zunächst die Bedeutung der Konstruktion innerhalb der Produktentwicklung betrachtet, wobei sich in umfassender Sicht die Konstruktion von der Planung bis zum Recycling erstreckt. Hieraus ergibt sich als eine Schlüsselanforderung für moderne CAD-Systeme eine effiziente Unterstützung der Variantenproblematik.

1.1. Bedeutung der Konstruktion innerhalb der Produktentwicklung

Um der Herausforderung, Produkte in wesentlich kürzerer Zeit mit höherem Qualitätsniveau und wettbewerbsfähigeren Preisen zu entwickeln, begegnen zu können, ist zunächst eine umfassende Analyse des gesamten Entwicklungs- und darüber hinaus auch des Geschäftsprozesses notwendig. Keinesfalls sollte die Konstruktion nur isoliert betrachtet werden, denn kein Arbeitsbereich ist in einem Unternehmen zum Selbstzweck vorhanden, vielmehr müssen sich die einzelnen Bereiche zu einem effizienten Gesamtprozeß ergänzen. Business Re-Engineering ist hierfür ein modernes Schlagwort. Entsprechend vielfältig sind auch die konkreten Ansätze, um die Produktentwicklung zu optimieren.

Ein angestrebtes Ziel ist die Entwicklung von schlanken Organisationsstrukturen. Hierbei geht es nicht nur darum, die Verwaltung auf ein sinnvolles Minimum zu reduzieren, sondern vor allem auch um das Erreichen von kürzeren Entscheidungswegen. Wenn ein technisches Problem auftritt, das die Arbeit von Experten in verschiedenen

Fachabteilungen betrifft, wie zum Beispiel Konstruktion und Qualitätssicherung, läuft nicht selten ein mehrstufiger Entscheidungs- und Informationsprozeß ab.

Bei diesem Prozeß wird zunächst innerhalb einer Abteilung die Problematik schrittweise auf die jeweils nächsthöhere Führungsebene verlagert, bis schließlich die zuständigen Bereichsleiter eine Lösungsstrategie vereinbaren und anschließend in der anderen Abteilung die entsprechende Anweisung stufenweise bis zum betreffenden Fachexperten gelangt. Eine unmittelbare Kooperation zwischen den Experten hätte hingegen in einem Bruchteil der Zeit und mit minimalem Aufwand das Problem lösen können. Es muß daher ein Ziel sein, Organisationsstrukturen zu verbessern, was häufig zu einer Reduktion von Führungshierarchiestufen führt.

Neben einer solchen unternehmensweiten Organisationsoptimierung ist das sogenannte *Simultaneous Engineering* oder auch *Concurrent Engineering* ein bedeutender Ansatz, um speziell Bearbeitungsabläufe im Ingenieurbereich zu beschleunigen. Für die herkömmlich sequentiell verlaufende Folge der Produktentwicklungsphasen Entwurf, Konstruktion, Arbeitsvorbereitung und Prototyperstellung bzw. Nullserienfertigung wird dabei eine möglichst weitgehende Parallelisierung angestrebt.

Sicherlich läßt sich nicht von Anfang an bei einer Entwicklung eine vollparallele Durchführung aller Aufgabenbereiche erreichen. So kann beispielsweise nicht sinnvoll am Aufbau der Serienproduktion gearbeitet werden, solange der Entwurf noch keine Entscheidung über in Frage kommende Fertigungsverfahren zuläßt. Jedoch läßt sich prinzipiell die Entwicklungszeit verkürzen, wenn möglichst viele geeignete Aktivitäten zeitlich überlappend bzw. parallel bearbeitet werden.

Dies stellt jedoch eine ganze Reihe von Anforderungen an die Organisation und die zu benutzenden Entwicklungswerkzeuge. Einerseits betrifft dies geeignete Kommunikationsinfrastrukturen und andererseits informationstechnische Lösungen zur Aufteilung von Arbeiten in parallel bearbeitbare Teilaufgaben sowie die Zusammenführung der jeweiligen Teillösungen.

Innerhalb der Konstruktion liegt ein anderes enormes Potential für Zeit- und Kosteneinsparungen in einer effizienteren Nutzung und Handhabung von existierenden Konstruktionen. Dies bezieht sich sowohl auf Änderungen, die in einer Konstruktion im Laufe der Entwicklung erforderlich werden, als auch darauf, verstärkt auf bekannte und erprobte Grundkonstruktionen zurückzugreifen.

1.1. Bedeutung der Konstruktion innerhalb der Produktentwicklung

Im folgenden werden zunächst die typischerweise zu durchlaufenden Schritte bei der Produktentwicklung betrachtet, wie sie in Abb. 1.1 gezeigt sind.

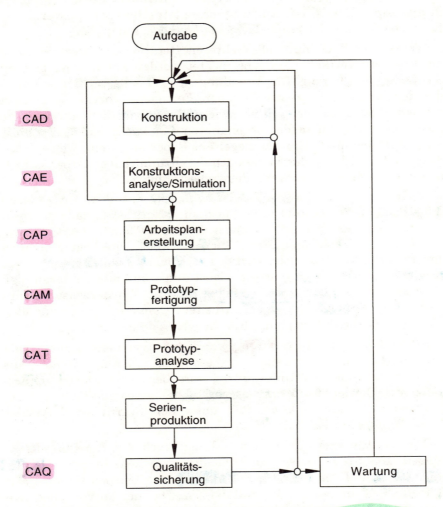

Abb. 1.1: Produktentwicklungsphasen und Konstruktionsänderungen

Die Konstruktion liefert heute trotz CAD-Unterstützung nicht unmittelbar ein Ergebnis, das den oft widersprüchlichen Anforderungen bezüglich Leistung, Zuverlässigkeit, Qualität, Haltbarkeit, Aussehen, Kosten, Fertigbarkeit usw. optimal gerecht wird. Ein Ziel ist es jedoch, bereits das im Computer entstandene Modell auf Unzulänglichkeiten hin zu überprüfen und gegebenenfalls zu verbessern. Dies erfolgt durch entsprechende Analyse- und Simulationsprogramme. Die rechnergestützte Durchführung erfolgt durch das *Computer Aided Engineering*, kurz *CAE*. Ein weitverbreitetes Berechnungsverfahren hierzu basiert auf der *Finite-Elemente-Methode*, kurz *FEM*.

Wenn schließlich nach oft mehreren Iterationsschritten die Konstruktion als vorläufig fertig betrachtet werden kann, dann beginnt die Fertigungsplanung. Die Erstellung eines Arbeitsplans, in welchem die der Reihe nach auszuführenden Fertigungsschritte spezifiziert werden, erfolgt derzeit noch überwiegend manuell. Computerbasierte Lösungen im Rahmen des sogenannten *Computer Aided Planning*, kurz *CAP*, beinhalten in der Regel ein Expertensystem, welches aus dem CAD-Modell die der Reihe nach durchzuführenden Arbeitsschritte aufgrund von vorgegebenen Regeln bestimmt.

Auch wenn die Analyse bzw. Simulation mit dem CAD-Modell erfolgreich verlief, besteht immer noch die Möglichkeit, daß ein physikalisch erstelltes Produkt, das nach dem CAD-Modell gefertigt wird, eine Reihe von Problemen bzw. Fehlern aufweist. Dies liegt zum einen darin begründet, daß im Bereich des CAE aus Aufwandsgründen mit vereinfachten Modellen gearbeitet wird und zum anderen daran, daß die verwendeten Algorithmen auf dem Rechner üblicherweise nur mit einer beschränkten Genauigkeit arbeiten. Daher ist es zweckmäßig, vor der Serienproduktion zunächst einen Prototyp zu erstellen.

Häufig kommen bei der Prototypfertigung spezielle Maschinen und Verfahren zum Einsatz, insbesondere dann, wenn die Prototyperstellung als Unterauftrag vergeben wird. Der computergesteuerte Betrieb von Werkzeugmaschinen, sei es zur Prototypfertigung oder Serienproduktion, fällt unter den Begriff des *Computer Aided Manufacturing*, kurz *CAM*.

Der erstellte Prototyp wird nun hinsichtlich der Produktanforderungen analysiert. Dabei unterscheidet man zwischen der zerstörungsfreien und der zerstörenden Analyse. Ein Beispiel für eine zerstörungsfreie Analyse ist die Modalanalyse, bei der an verschiedenen Stellen des Prüflings über Aktoren mechanische Schwingungen ausgelöst werden und die Ausbreitung dieser Schwingungen über entsprechende Sensoren erfaßt wird. Durch ein Berechnungsverfahren lassen sich dann Rückschlüsse auf Eigenschwingungen und Stabilitätsverhalten ziehen. Die Analyse des Prototyps kann nun einerseits bewirken, daß zur Erfüllung der festgelegten Produktanforderungen eine Konstruktionsänderung nötig ist. Andererseits können diese

1.1. Bedeutung der Konstruktion innerhalb der Produktentwicklung 5

Analyseergebnisse dazu dienen, bei der auf die Konstruktionsänderung hin erneut notwendigen Konstruktionsanalyse die kritischen Stellen genauer zu berechnen.

Wenn nach erneutem, eventuell mehrfachem Durchlauf der bisher beschriebenen Schritte ein positives Gesamtresultat erzielt wird, folgt die Serienproduktion, die üblicherweise mit einer Qualitätskontrolle gekoppelt ist. Qualitätssicherung insgesamt ist jedoch ein Prozeß, der die gesamte Produktentwicklung begleiten muß. Tatsächlich sind bereits bei der Produktdefinition Qualitätsaspekte zu berücksichtigen. Die Qualitätssicherung im Zusammenhang mit der Serienproduktion stellt damit nur einen Teilaspekt, nämlich die Endkontrolle, dar. Die Rechnerunterstützung bei der Qualitätssicherung, speziell die Erstellung von Prüfplänen, das Auswerten von Meßergebnissen, die Anfertigung von statistischen Analysen und Trendberechnungen, bezeichnet man auch als *Computer Aided Quality Control* oder kurz *CAQ*.

Die Lebenszeit eines Produktes endet sicherlich nicht mit dem Verlassen des Herstellerbetriebs. Vielmehr schließt sich die in der Regel zeitlich wesentlich ausgedehntere Phase der Wartung an. Trotz sorgfältiger Qualitätsendkontrolle werden sich gelegentlich bei der Nutzung des Produktes Schwachstellen herausstellen. Diese Erkenntnisse müssen schließlich ebenfalls in die Konstruktion zurückfließen und, je nach Tragweite, zu einer unmittelbaren Änderungskonstruktion führen oder zumindest bei der Entwicklung eines Nachfolgeprodukts berücksichtigt werden.

Aus der bisherigen Betrachtung wird deutlich, daß, über CAD hinausgehend, bei der Produktentwicklung eine Vielzahl verschiedener Daten anfällt. Angestrebt wird daher künftig der Aufbau sogenannter Produktmodelle, welche alle relevanten Teilaspekte in Form eines umfassenden Computermodells berücksichtigen.

Im folgenden soll nun die Phase der Konstruktion näher betrachtet werden. Generell läßt sich die Konstruktionsarbeit in

- Neukonstruktion,
- Anpassungskonstruktion,
- Variantenkonstruktion und
- Prinzipkonstruktion

einteilen.

Wirkliche Neukonstruktionen sind bereits heute ein verhältnismäßig kleiner Anteil der gesamten Konstruktionsarbeit und umfassen typischerweise einen zeitlichen Anteil von 10 bis 20 %. Eine größere

Belastung der Konstruktionsabteilung liegt in der Erstellung von Konstruktionsvarianten, bei denen es im wesentlichen darum geht, bestehende Grundkonstruktionen maßlich abzuändern.

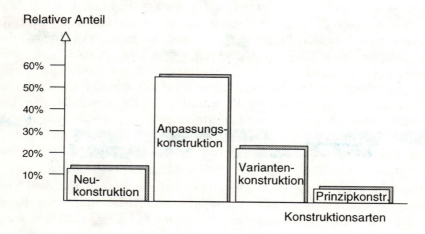

Abb. 1.2: Typische prozentuale Verteilung der Konstruktionsarten

Den größten Anteil innerhalb der Konstruktionsarbeit hat die Anpassungskonstruktion, hier wird die Hauptfunktionalität beibehalten und das Lösungskonzept auf neue Teilaufgabenstellungen angepaßt. Dementsprechend werden nicht nur einzelne Maße, sondern auch ganze Konstruktionselemente und Bauteile abgeändert. Bei der Prinzipkonstruktion schließlich handelt es sich um die weitgehende Beibehaltung eines Lösungsprinzips und um eine Neuanpassung im Detail. Dies gilt für die Konstruktion des Gesamtbauteils und weit häufiger noch für bestimmte Teilfunktionen. Das Lösungsprinzip wird dabei von ähnlichen, bereits existierenden, bewährten Konstruktionen übernommen. Dies setzt voraus, daß bestehende Konstruktionen auf übertragbare Lösungsprinzipien analysiert werden, wobei die Rechnerunterstützung hierzu ein im wesentlichen noch ungelöstes Problem darstellt.

Abb. 1.2 zeigt eine Häufigkeitsverteilung der genannten Konstruktionsarten, wie sie typischerweise heute in der industriellen Praxis angetroffen wird. Nach der VDI-Richtlinie 2222 zerfällt die Konstruktion in folgende Phasen:

1.1. Bedeutung der Konstruktion innerhalb der Produktentwicklung

- Planungsphase
- Konzeptionsphase
- Entwurfsphase
- Ausarbeitung

Die Planungsphase umfaßt dabei die Auswahl der Aufgabe und die Festlegung des Entwicklungsauftrags. Da die Planungsphase typischerweise nicht im CAD-Bereich erfolgt, werden im folgenden nur die drei übrigen Phasen betrachtet. In der Konzeptionsphase geht es um die Klärung der Aufgabenstellung und das Erarbeiten einer Anforderungsliste. Es werden die Funktionsstruktur und die physikalischen Wirkprinzipien festgelegt. Die erarbeitete Lösung wird dann technisch-wissenschaftlich bewertet.

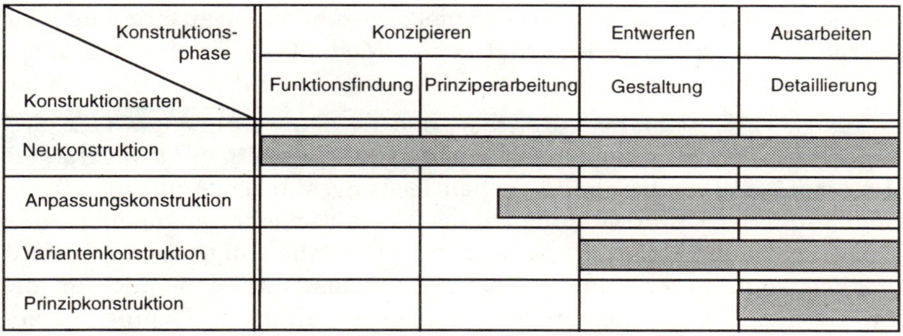

Konstruktions- phase Konstruktionsarten	Konzipieren		Entwerfen	Ausarbeiten
	Funktionsfindung	Prinziperarbeitung	Gestaltung	Detaillierung
Neukonstruktion	▓	▓	▓	▓
Anpassungskonstruktion			▓	▓
Variantenkonstruktion				
Prinzipkonstruktion				▓

Abb. 1.3: Typische Verteilung der verschiedenen Konstruktionsphasen auf die Konstruktionsarten

In der Entwurfsphase werden maßstäbliche Entwürfe erstellt. Es erfolgen überschlägige Berechnungen und die Werkstoffauswahl. Auch am Ende dieser Phase steht eine abschließende Bewertung, bevor die Ausarbeitung als nächste Phase begonnen wird. In der Ausarbeitung werden im wesentlichen Einzelheiten optimiert und Fertigungsunterlagen ausgearbeitet. Hierzu gehört derzeit noch in erster Linie die Erstellung von technischen Zeichnungen, zum Teil aus 3D-CAD-Modellen heraus. In Zukunft werden verstärkt unmittelbar 3D-CAD-Modelle ohne entsprechende Zeichnungen in die Fertigung übertragen. Abb. 1.3 zeigt die Relevanz der drei kurz beschriebenen Konstruktionsphasen bezüglich der verschiedenen Konstruktionsarten.

1.2. Anforderungen an CAD-Systeme

Bei der Betrachtung der Produktentwicklung im vorangegangenen Abschnitt wurde besonders deutlich, daß von nachgelagerten Schritten eine Vielzahl von Änderungsanforderungen in die Konstruktion zurücklaufen. In der Automobilindustrie werden beispielsweise heute täglich bis zu mehrere hundert kleinere und größere Konstruktionsänderungen an einem Fahrzeugmodell durchgeführt. Hier liegt sicherlich einer der Gründe, weshalb die Änderungskonstruktion einen so hohen Anteil der Arbeitszeit einnimmt.

Ein anderer Grund für die Vielzahl von zu bearbeitenden Konstruktionsänderungen und -varianten ist die vom Markt geforderte Bandbreite von Produktausführungen. Statistisch gesehen ist sogar nur jedes zwanzigtausendste Kraftfahrzeug einer Fertigungslinie baugleich [War92]. So werden beispielsweise heute Kraftfahrzeuge der oberen Leistungsklasse innerhalb eines Modelltyps nicht selten allein mit Tausenden von Varianten von Fahrersitzen produziert.

Für CAD-Systeme bedeutet dies, daß die Durchführung von Änderungen und die Bildung von Varianten besonders effizient unterstützt werden muß. Dies beinhaltet neben leistungsstarken Änderungsfunktionen und der Unterstützung bei der Variantengenerierung auch eine Reihe spezieller Anforderungen an die Datenhaltung. Es muß leicht möglich sein, unter den gespeicherten Konstruktionen eine für die jeweils aktuelle Problemstellung möglichst ähnliche Lösung auszuwählen. Das heißt, es sind effiziente Suchverfahren einerseits und ein geeignetes Ordnungsprinzip zur Speicherung der Konstruktionen andererseits erforderlich.

Nachdem sich Konstruktionsänderungen jedesmal auch auf die nachgelagerten Entwicklungsschritte auswirken, liegt es auf der Hand, daß eine möglichst weitgehende Nutzung der CAD-Daten als Grundlage für weitere Schritte angestrebt werden muß. Dies setzt insbesondere voraus, daß CAD-Modelle sowohl mit einer entsprechenden Genauigkeit erzeugt und gespeichert werden, als auch, daß die Konstruktionsbeschreibung in Form des CAD-Modells möglichst umfassend ist.

Eine noch weitergehende Anforderung besteht darin, Modelländerungen, die in subsequenten Prozessen entstehen, direkt in das CAD-Modell zurückzuführen. Nach dem heutigen Stand der Technik haben die an der Produktentwicklung beteiligten, computergestützten Systeme in den meisten Fällen spezielle, das heißt verschiedene Datenstrukturen [Abe90]. In der Regel lassen sich die CAD-Modelle in die jeweiligen speziellen Strukturen übersetzen, jedoch ist im allgemeinen die Rückführung von Änderungen in einem nachgelagerten System in das CAD-Modell weitgehend ungelöst.

So werden beispielsweise zur Belastungs- oder Verformungsberechnung mit der Finite-Elemente-Methode bei der Umsetzung von CAD-Modellen in das FE-System, die Modelle häufig aus Gründen des Rechenaufwands in eine gröbere Form überführt. Bei symmetrischen Konstruktionsteilen wird dabei nur jeweils eine Hälfte berechnet und dann auf das ganze Modell geschlossen, außerdem werden unbedeutende Einzelheiten unterdrückt. Wenn nun in einem konkreten Fall das vorbereitete FE-Modell, z.B. durch zusätzliches Einfügen einer Versteifungsrippe, geändert wurde und schließlich ein positives Analyseresultat liefert, ist die Rückführung dieser Änderung in CAD problematisch.

Ein Lösungsansatz hierfür, der langfristig erfolgversprechend zu sein scheint, ist die Nutzung eines einheitlichen Produktdatenmodells. Dazu sind jedoch noch erhebliche Normungsarbeiten zu leisten, und außerdem ist eine neue Generation von Anwendungsprogrammen nötig, welche auf eine solche Vorgehensweise ausgerichtet ist.

Weitere spezielle Anforderungen an CAD-Systeme ergeben sich aus dem Ansatz des Simultaneous Engineering. Dies betrifft insbesondere die Möglichkeit, Modelle in Teilmodelle zu zerlegen, die zeitgleich bearbeitet werden können und bildet eine Unterstützung dafür, die entstandenen Teillösungen wieder zu einem Ganzen zusammenzuführen.

Nachdem beim Simultaneous Engineering nicht nur die Konstruktion in zeitlich parallel abzuarbeitenden Teilaufgaben angestrebt wird, sondern auch weitere Entwicklungsschritte zu früheren Zeitpunkten begonnen werden sollen, ist eine zuverlässige Entwicklungsstandskontrolle nötig. Da in diesem Fall durch die teilweise parallel ausgeführten Entwicklungsschritte Änderungen in noch kürzeren Zeitabständen anfallen, wird die Anforderung an eine möglichst effiziente Handhabung von Konstruktionsänderungen und Variantenbildung noch weiter verstärkt.

1.3. Modifikationstechnik und parametrische Modellierung

Die Unterstützung der Änderungskonstruktion und Variantenbildung in CAD zerfällt in drei Hauptansätze. Dabei ist die erste Möglichkeit die konventionelle Lösung, nämlich die entsprechenden Konstruktionsteile zu löschen und in geänderter Form neu zu zeichnen. Da dies der am wenigsten effiziente Weg ist, soll er hier nicht näher betrachtet werden.

Die beiden weiteren Ansätze beziehen sich zum einen auf eine Technik, mit der die Geometrie eines Modells direkt modifiziert wird [RMK86] und zum anderen auf den Aufbau eines parametrischen Modells in der Form, daß anschließend die Modellparameter vom Anwender geändert werden können und das System in der Lage ist, die zugehörige, neue Modellausprägung automatisch zu erzeugen [RSV89].

Abb. 1.4 zeigt das Prinzip der Modellmodifikation an einem einfachen zweidimensionalen Beispiel. Vorgegeben sei eine CAD-Zeichnung eines abgestuften Blechteils mit einem Stanzloch. Die Aufgabe besteht nun darin, die Konstruktion dahingehend abzuändern, daß die angegebene Länge der Blechplatte von bisher 70 mm auf 110 mm vergrößert wird. Dies wird erreicht, indem die relevanten Geometrieteile, in diesem Fall der rechte Rand der Blechplatte, ausgewählt und mit einem entsprechenden CAD-Befehl geändert werden.

Der in diesem Fall anzuwendende Befehl muß eine Dehnung bewirken und soll für diese Betrachtung DEHNEN heißen. Da der Ausgangspunkt dieser Änderung eine fertige, vorgegebene Zeichnung war, müssen nun alle von dieser DEHNEN-Operation betroffenen Modellteile automatisch angepaßt werden. Im vorliegenden Beispiel betrifft dies

- die Verlängerung der oberen und unteren Blechkanten,
- die Repositionierung der rechten vertikalen Kante,
- die Repositionierung der rechten Maßhilfslinie des Maßes 70,
- die Verlängerung der Maßlinie des Maßes 70,
- die Repositionierung des rechten Maßpfeils des Maßes 70,
- das Abändern der Maßzahl von 70 auf 110 und
- die mittige Repositionierung der Maßzahl.

1.3. Modifikationstechnik und parametrische Modellierung

Im Fall von Schnittdarstellungen mit Schraffuren muß sich ebenso die Schraffur auf die geänderte Fläche anpassen und soweit Hinweistexte und/oder Bearbeitungssymbole mitbetroffen sind, müssen auch diese entsprechend geändert werden.

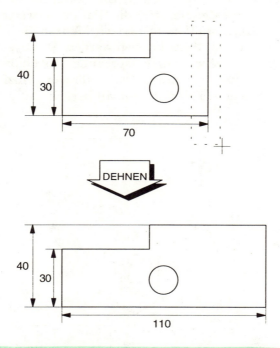

Abb. 1.4: Variantenerzeugung durch Modellmodifikation

Bei der parametrischen Modellierung wird zur Durchführung einer Änderung bzw. zur Bildung einer entsprechenden Variante, nicht die betreffende Geometrie direkt manipuliert, sondern es werden lediglich entsprechende Parameter geändert. Dies setzt jedoch voraus, daß von vornherein ein parametrisches Modell aufgebaut wurde. Als Modellparameter werden dabei in erster Linie die Maße einer Konstruktion benutzt.

Die entsprechende Vorgehensweise zur Durchführung der Änderung soll nun ebenfalls am Beispiel des bereits beschriebenen Blechteils erläutert werden. Abb. 1.5 zeigt das zugehörige Prinzip. In diesem Fall sind die Maße der Zeichnung als Variablen, die zugleich die Parameter des Modells sind, vorgegeben. In Abb. 1.5 sind diese Variablen mit dem Variablennamen L1, L2 und L3 für die entsprechenden Längenmaße eingetragen, um das Prinzip zu verdeutlichen. Es könnten hier jedoch auch konkrete Parameterwerte, also Maßzahlen, stehen.

Bei der Durchführung der Änderung werden die entsprechenden Parameter mit neuen Werten belegt. Dies kann in der Form geschehen, daß in einem Menüfenster die Parameterwerte eingetragen werden oder dadurch, daß die bisherigen Maßzahlen in der vorgegebenen Zeichnung direkt überschrieben werden. Das System berechnet nun automatisch die neue Modellausprägung, das heißt im vorliegenden Beispiel die neue Zeichnung. Dabei können prinzipiell mehrere Maßänderungen in einem einzigen Schritt berücksichtigt werden.

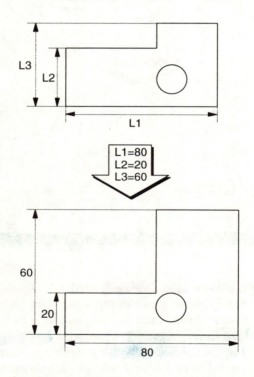

Abb. 1.5: Variantenerzeugung durch parametrische Beschreibung

Bereits bei diesem einfachen Beispiel wird jedoch deutlich, daß die Maßänderungen nicht beliebig durchgeführt werden können, sondern unter Einhaltung gewisser Randbedingungen bzw. Restriktionen. So sollen beispielsweise rechte Winkel und die Eigenschaft, daß Linien

1.3. Modifikationstechnik und parametrische Modellierung

parallel zueinander verlaufen, erhalten bleiben. Beim Verfahren der Modellmodifikation ist der Benutzer selbst für die Einhaltung dieser Restriktionen verantwortlich. Beim Ausführen des DEHNEN-Befehls mußte der Benutzer beispielsweise darauf achten, daß die betreffenden Geometrieelemente nur in horizontaler Richtung gedehnt wurden.

Im Zusammenhang mit der parametrischen Modellierung sind in den letzten Jahren eine ganze Reihe von Fachbegriffen entstanden, die im folgenden kurz erläutert werden:

- *Variationale Geometrie, Variational Geometry, Variational Modelling*

  Hierunter wird der Aufbau einer geometrischen Beschreibung verstanden, die es ermöglicht, durch Änderung von Maßen die Geometrie automatisch mitvariieren zu lassen.

- *Parametrische Modellierung, Parametrisches CAD*

  Wie bereits das Attribut "parametrisch" ausdrückt, handelt es sich hierbei um eine Vorgehensweise, bei der Modelländerungen über Parameter gesteuert werden. Parameter können dabei Maßparameter, aber auch andere Parameter sein, wie z.B. Struktur- oder Werkstoffparameter. Die Art, wie die Bestimmung einer Modellausprägung mit geänderten Parametern erfolgt, ist damit a priori noch nicht festgelegt. In der Literatur wird dieser Begriff gelegentlich auf ganz bestimmte parametrische Evaluierungsverfahren eingeschränkt [ChSch90]. Dies erscheint jedoch, angesichts der üblichen Bedeutung des Begriffs "parametrisch", als nicht sehr sinnvoll.

- *History-based Design*

  Hier kommen Datenstrukturen zur Anwendung, welche die Sequenz der Modellierschritte beinhalten. Jeder Modellierschritt ist dabei identifizier- und änderbar. Modifikationen von Modellierschritten werden umgesetzt, indem die betreffenden Elemente entsprechend der in der Datenstruktur gespeicherten Sequenz erneut berechnet werden.

- *Dimension-driven Systems*

  Hierunter werden explizit CAD-Systeme verstanden, bei denen Geometrieänderungen über die entsprechenden Maße gesteuert werden können. Die Verwandtschaft mit Variational Geometry ist offensichtlich, wobei es hier speziell darum geht, die Variationen über Maßänderungen durchzuführen.

- *Constrained-based Modelling*

  Dies ist eine grundlegende Technik, ohne die keines der oben genannten Verfahren sinnvoll eingesetzt werden kann. Es erlaubt in erster Linie die Definition von Abhängigkeiten zwischen geometrischen Objekten untereinander sowie zwischen geometrischen Elementen und deren Abmaßen. Diese Abhängigkeiten heißen Restriktionen, bzw. in der englischsprachigen Literatur *Constraints*. Eine Modifikation eines Objekts zieht eine Modifizierung von jeweils assoziierten Objekten nach sich. Beispiele für Restriktionen sind Parallelität, Rechtwinkligkeit usw. Sie dienen dazu, irrelevante Varianten auszuschließen. Dies geschieht dadurch, daß die definierten Restriktionen bei der Bildung einer Varianten eingehalten werden müssen.

1.4. Anwendungsfelder für Variantenmodelle

Während die einfache und effiziente Änderung sowohl von Zeichnungen als auch von 3D-Modellen ein besonders naheliegendes Anwendungsgebiet für Variantenmodellierung darstellt, sei es durch Modifikationstechnik oder parametrische Modellierung, ergeben sich für eine parametrische Beschreibung eine ganze Reihe weiterer, interessanter Anwendungsmöglichkeiten:

- *Effiziente Konstruktion von Teilefamilien*

  Hier reduziert sich der Aufwand auf die Erstellung einer Musterkonstruktion der jeweiligen Teilefamilie. Die konkreten Teile einer Teilefamilie werden dann lediglich durch Angabe ihrer Maße, z.B. in Form einer Maßtabelle, spezifiziert. Die Geometrieausprägungen bzw. Einzelteilzeichnungen können so vom System automatisch erzeugt werden.

- *Konstruktion mit Formelementen*

  Während ständig wiederkehrende Konstruktionsteile wie Schraubverbindungen, Passungen usw. durch den Einsatz entsprechender Teilebibliotheken unterstützt werden, zielt die Konstruktion mit Formelementen, den sogenannten *Form Features*, auf eine weitere Erhöhung der Konstruktionseffizienz ab. Hierbei geht es darum, bestimmte wiederkehrende Formen bzw. Teilgeometrien vorgefertigt vom CAD-System bereitzustellen, so daß ein Entwurf auf einem höheren Abstraktionsniveau möglich wird. Da diese Formelemente typischerweise in jeweils konkreten Konstruktionen in verschiedenen Abmaßen auftreten, werden sie sinnvollerweise ebenfalls in parametrisierter Form gespeichert.

- *Kompakte Speicherung von Variantenkonstruktionen und Normteilen*

  Prinzipiell genügt es, für Konstruktionsvarianten und insbesondere für das Anlegen von Normteilbibliotheken, jeweils eine Musterrepräsentation zu halten und für die jeweiligen Varianten, bzw. Normteile eines bestimmten Typs, die entsprechenden Parameter zu speichern. Die Einsparung an Speicherplatz, die sich hierdurch ergibt, ist erheblich und reduziert in der Praxis den Bedarf zumeist auf einen kleinen Bruchteil gegenüber der konventionellen Möglichkeit, bei der alle Einzelkonstruktionen komplett abgespeichert sind. Der Preis, der dafür zu zahlen ist, liegt in der höheren Rechenleistung, die dadurch anfällt, daß bei Bedarf die Einzelkonstruktionen vom System jeweils neu generiert werden müssen.

- *Skizzenartige Eingabe und Grobentwurf*

  In der Entwurfsphase sind normalerweise viele Details und insbesondere genaue Abmessungen noch nicht bekannt. Durch die Vergabe von Maßparametern läßt sich nun ein Grobentwurf in Form einer skizzenartigen Eingabe erstellen, wobei lediglich die prinzipielle Form und bestimmte Randbedingungen der Konstruktion festgehalten werden. Solche Grobentwürfe können in der Detaillierungsphase später sukzessive verfeinert werden sowohl durch Festlegung der verschiedenen Maßparameter als auch durch die Ergänzung von bestimmten Konstruktionsdetails.

- *Simulation und Kinematik*

  Die Simulation und Analyse von Bewegungsabläufen läßt sich durch eine parametrische Modelldarstellung elegant unterstützen, indem eine Bewegung als eine Sequenz von diskreten Konstellationen betrachtet wird. Die einzelnen Ausprägungen für eine solche Darstellungssequenz ergeben sich durch Einsetzen der speziellen Parameterwerte. Bei einer kreisförmigen Bewegung sind dies beispielsweise die Angaben von bestimmten Drehwinkeln. Mit diesen Angaben wird anschließend die jeweilige Modellausprägung evaluiert.

- *Toleranzanalyse*

  In CAD-Systemen wird typischerweise die Geometrie mit nominalen Abmaßen modelliert. Wenn in ein parametrisches Modell die unteren bzw. oberen Toleranzen in die Maße mit einbezogen werden, ist es möglich, minimale bzw. maximale Modellausprägungen zu berechnen und auf diese Weise, speziell bei Baugruppen, zu analysieren, ob innerhalb der spezifizierten Toleranzgrenzen Teilkonstruktionen wirklich zusammenpassen.

- *Wissensbasierte Konstruktionsautomatisierung*

  Ein Konstrukteur berücksichtigt bei seiner Arbeit eine Vielzahl spezieller Konstruktionsregeln. Diese stammen einerseits aus allgemeinem Fachwissen und andererseits aus speziellem Know-how eines konkreten Unternehmens. Bei der wissensbasierten Konstruktionsautomatisierung geht es darum, Konstruktionen für bestimmte, klar definierte Aufgaben von einem System automatisch unter Berücksichtigung aller relevanten Regeln zu erzeugen.

  Dies läßt sich unter anderem dadurch erreichen, daß geeignete Grundkonstruktionen als parametrisches Modell aufgebaut werden. Dabei kommen als Parameter in der Regel neben Maßen auch bestimmte Strukturparameter für die Konstruktion in Betracht. Die Lösung einer speziellen Konstruktionsaufgabe reduziert sich dann darauf, die entsprechenden Daten der Aufgabenbeschreibung in das System einzugeben. Ein integriertes Expertensystem ermittelt anschließend unter Anwendung der entsprechenden gespeicherten Regeln die passenden Konstruktionsparameter. Die Bestimmung der Ausprägung der Konstruktion erfolgt mittels einer automatischen Evaluierung des parametrischen Modells.

- *Automatische Interpretation von konventionellen Zeichnungen*

  Aus der Zeit vor der Umstellung auf CAD liegen in vielen Unternehmen noch enorme Bestände an konventionell erstellten technischen Zeichnungen auf Papier oder Mikrofilm vor. Während in der Regel ein Teil dieses Datenbestandes im wesentlichen als Archiv gehalten werden kann und einzelne Konstruktionen daraus nur in bestimmten Sonderfällen benötigt werden, gibt es eine Vielzahl von Zeichnungen und Konstruktionen, die als Grundlage für eine Weiterentwicklung dienen könnten.

  In diesem Zusammenhang wäre es wünschenswert, solche konventionell erstellten Zeichnungen in ein CAD-Format automatisch überführen zu können. Eine Problematik dabei besteht darin, daß manuell erstellte Zeichnungen nur eine Maßhaltigkeit von etwa einen zehntel Millimeter aufweisen. CAD-Daten, die in subsequenten Verarbeitungsschritten weiterbenutzt werden, benötigen jedoch eine Genauigkeit, die um mehrere Größenordnungen höher liegt. Wenn die prinzipielle geometrische Beschreibung einer Zeichnung in parametrisierte CAD-Geometrie überführt ist, läßt sich die Maßhaltigkeit dadurch erreichen, daß zur Evaluierung der korrekten Ausprägung die auf der Zeichnung zahlenmäßig angegebenen Maßwerte eingesetzt werden.

2. Rechnergestützte Konstruktion

CAD-Systeme lassen sich grob in zweidimensionale (2D) und dreidimensionale (3D) Systeme einteilen. 2D-Systeme sind dabei meist, von ihrer Philosophie her, im wesentlichen an die herkömmliche Konstruktion am Reißbrett angelehnt. Modelle werden in Form von zweidimensionalen Geometrien, wie Risse und Schnittdarstellungen, gespeichert. 3D-CAD-Systeme beschreiben eine Konstruktion räumlich. In den folgenden Unterkapiteln werden zunächst die prinzipiellen Repräsentationen von zweidimensionalen und dreidimensionalen Konstruktionen besprochen und anschließend eine effiziente Methode zur interaktiven Erstellung von Volumenmodellen vorgestellt.

2.1. Zweidimensionale Modelle

2D-CAD-Modelle werden typischerweise in Form einer technischen Zeichnung repräsentiert. Aber im Gegensatz zu Zeichnungen, die mit einer allgemeinen Graphiksoftware erstellt werden, beinhalten CAD-Zeichnungen wesentlich mehr Informationen als nur eine graphische Darstellung in Form von Linien. Der Modellcharakter bei 2D-CAD drückt sich im wesentlichen dadurch aus, daß eine grundlegende Struktur der Konstruktion in Form von Einzelteilen, eine exakte bzw. mit spezifizierter Toleranz gehaltene geometrische Beschreibung der Einzelteile, sowie eine Reihe von Zusatzangaben als Annotation gespeichert werden. Beispiele für solche Zusatzangaben sind Schraffuren, spezielle Symbole für Bearbeitungsvorschriften, Hinweistexte und Maßangaben.

Außerdem beinhaltet eine technische Zeichnung normalerweise ein Schriftfeld, in welchem bestimmte, grundlegende Angaben zur Konstruktion, wie beispielsweise der Name des Konstrukteurs, das Erstellungsdatum, das Freigabedatum und gegebenenfalls eine Liste der in der Konstruktion verwendeten Einzelteile angegeben werden. Abb. 2.1 zeigt ein typisches Datenstrukturschema für den grundsätzlichen Aufbau eines 2D-Zeichnungsmodells.

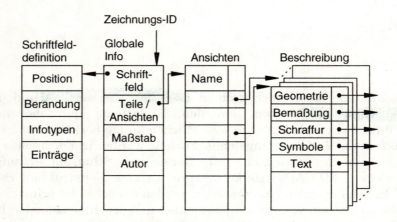

Abb. 2.1: Datenstrukturübersicht für CAD-Zeichnungen

Zunächst braucht jede Zeichnung eine eindeutige und aussagekräftige Kennzeichnung in Form einer sogenannten Identnummer. Der Dateiname ist im allgemeinen wegen der Limitation in der Anzahl der Zeichen des Dateinamens nicht geeignet. Es muß daher eine eindeutige kryptische Umsetzung von Identnummern in Dateinamen vorgesehen werden. Dies gilt insbesondere für PC-basierte Systeme, während für mehrbenutzerfähige Betriebssysteme zum Teil Dateinamen bis 255 Zeichen möglich sind. Jeweils eine Zeichnung wird dann in genau einer Datei gespeichert. Zeichnungen enthalten dabei eine Reihe globaler Informationen, wie z.B. den benutzten Zeichnungsmaßstab, die zugrundeliegende länderspezifische Norm, den Namen des Bearbeiters usw.

Außer diesen für die gesamte Zeichnung geltenden Informationen enthält die Zeichnungsdatei eine Beschreibung des Schriftfeldes und nicht zuletzt die eigentliche Konstruktionsbeschreibung in Form einer Darstellung von mehreren Ansichten bzw. Teilen einer Konstruktion. Für jede erfaßte Ansicht bzw. jedes gezeichnete Einzelteil ist ein Verweis auf die zugehörigen Datenstrukturen der Geometrie, Bemaßung, Schraffur, Symbole und Texte hinterlegt.

Abb. 2.2 zeigt exemplarisch für eine Konstruktionsansicht die Zusammenhänge zwischen den verschiedenen Informationstypen.

2.1. Zweidimensionale Modelle

Diese Darstellung soll lediglich das Prinzip zeigen und ist teilweise stark vereinfacht. Die geometrische Beschreibung besteht hier zum Beispiel lediglich aus Punkten, Linien und Kreisen, wobei im Zusammenhang mit CAD unter Linien üblicherweise Strecken, das heißt Geradenabschnitte verstanden werden. Unabhängig davon, wie Linien bei der Konstruktion in das CAD-System eingegeben werden, also z.B. durch Anfangspunkt, Winkel und Länge oder Anfangs- und Endpunkt, erfolgt die Speicherung in der Datenstruktur immer in einer einheitlichen Form. In der Darstellung von Abb. 2.2 ist hierfür die Repräsentation in Form von Anfangspunkt (AP) und Endpunkt (EP) gewählt. Zusätzlich wird für jede Linie der Linientyp (dicke Vollinie, dünne Vollinie, gestrichelte Linie, usw.) mit abgespeichert.

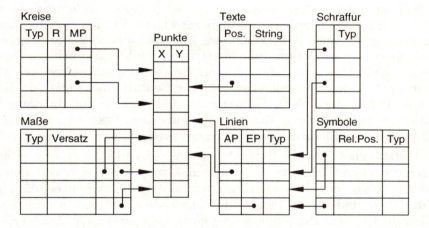

Abb. 2.2: Vereinfachtes Datenstrukturschema einer Ansicht

Entsprechend werden Kreise unter Angabe ihres Linientyps, des Kreisradius (R) und des Mittelpunkts (MP) gespeichert. Wichtig ist dabei, daß die Angaben über bestimmende Punkte sowohl von Linien als auch von Kreisen über Verweise auf eine spezielle Punktedatenstruktur realisiert werden, in der schließlich die konkrete geometrische Beschreibung der Punkte enthalten ist. In der Praxis kommen geometrische Elemente wie Linien und Kreise in Konstruktionen nicht isoliert vor, sondern in verketteter Form. Zum Beispiel ist eine Linie in der Regel mit mindestens einem weiteren geometrischen Element über einen gemeinsamen Punkt verbunden, unabhängig davon, ob diese Konstellation direkt als Polygonzug oder in Form von einzelnen, nacheinander eingegebenen Elementen erzeugt wurde. Es ist daher wichtig, eine redundanzfreie Darstellung zu erzielen. Dies wird durch die Repräsentation mit Verweisen auf Punkte erreicht. Identische Punkte werden somit nur einmal abgespeichert.

Die Genauigkeit der Geometrierepräsentation ist von der Genauigkeit der Repräsentation der einzelnen Punktkoordinaten abhängig. Hierfür werden üblicherweise 64 Bit (Gleitkommazahlen) gewählt, was zur Beschreibung von Objekten bis zu einer Größe von 1000 m bei einer Genauigkeit von 1/1000 mm ausreicht und noch genügend Reserven für Rundungen bei Berechnungsvorgängen bietet.

Insgesamt spielen Punkte in der Datenstruktur eine ganz zentrale Rolle. Sowohl die höheren geometrischen Elemente als auch Texte und Maße sind unter Bezugnahme auf die geometrischen Punkte definiert. Indirekt gilt dies auch für Schraffuren und Symbole. Im Fall einer Schraffur ist die Begrenzung der zu schraffierenden Fläche durch Verweise auf die zur Begrenzung dieser Fläche dienenden Linien und gegebenenfalls auch Kreise definiert. Linien und Kreise aber beziehen sich ihrerseits wiederum auf geometrische Punkte. Ähnlich sind spezielle Symbole, die zur Angabe von Bearbeitungshinweisen benutzt werden, wie beispielsweise Symbole zur Rauhigkeitsangabe, letztlich durch Punkte lokalisiert. Sie beziehen sich nämlich auf ein Element einer zu bearbeitenden Kontur oder eine Gesamtkontur und diese geometrischen Elemente sind wiederum durch Punkte definiert.

Vollständige 2D-CAD-Datenstrukturen müssen zum einen weitere geometrischen Elemente umfassen und zum anderen neben einem Abstandsmaß zwischen zwei Punkten weitere Maßtypen beinhalten. Zusätzlich sind in der Praxis für die einzelnen Elemente noch eine Vielzahl weiterer Detailinformationen mit abzuspeichern. Stellvertretend dazu sei erwähnt, daß für Maße beispielsweise auch Angaben für Größe und Font der Maßzahl, Länge der Maßhilfslinien, Ausführungsart der Maßpfeile und vieles mehr festgelegt werden muß.

2.2. Dreidimensionale Modelle

Je nach Datenstruktur bzw. abgespeicherter Modellinformation unterscheidet man bei dreidimensionalen CAD-Systemen zwischen Kanten- Flächen- und Volumenmodelliersystemen. Die erste CAD-Systemgeneration arbeitete dabei zumeist auf der Basis eines Kantenmodells.

2.2. Dreidimensionale Modelle

Kantenmodelle, häufig auch *Drahtmodelle* genannt, sind im wesentlichen eine Erweiterung der im vorangegangenen Kapitel besprochenen 2D-Systeme. Dreidimensionale Modelle werden dadurch beschrieben, daß ihre Eckpunkte gespeichert und die jeweiligen Körperkanten als geometrische Kurven repräsentiert werden. Häufig sind dabei die zulässigen Körperkanten auf Kreise und Geradenabschnitte eingeschränkt. Die Bezeichnung Drahtmodell rührt daher, daß man sich ein derartiges Modell aus dünnen Drähten zusammengebaut vorstellen kann, wobei die Drähte den Körperkanten entsprechen.

Während ein Kantenmodell eine dreidimensionale Strichgraphik der Konstruktion auf dem Bildschirm ermöglicht, und sich durch diese Art der Modellierung eine nur moderat höhere benötigte Rechnerleistung im Vergleich zu 2D-Systemen ergibt, haben diese Modelle signifikante Einschränkungen im Bereich der Analyse- und Simulationsmöglichkeiten und ganz besonders bei der Integration in die Fertigung. So lassen sich beispielsweise von Kantenmodellen keine schattierten Farbdarstellungen erzeugen, da Flächen nicht in der Datenstruktur festgehalten sind, sondern lediglich vom Menschen zwischen geeignete Kanten hineininterpretiert werden. Außerdem lassen sich keine Volumen-, Gewichts- oder Momentenberechnungen durchführen, und es ist nicht möglich, eine Flächenbeschreibung als Grundlage für ein NC-Programm zu extrahieren.

Flächenmodelle repräsentieren die Oberflächen eines Objekts oder Teile davon. Dabei wird üblicherweise für jede Fläche die Flächenberandung, die mit den Kanten des Drahtmodells vergleichbar ist, gespeichert und das Innere der Fläche in Form einer geeigneten mathematischen Beschreibung definiert. Flächenmodelle kommen in erster Linie dann zum Einsatz, wenn komplex geformte Objekte konstruiert werden müssen, bei denen die Ausprägung der Oberfläche kritisch ist und das Volumen eine untergeordnete Rolle spielt, denn Volumina werden in Flächenmodellen nicht erfaßt. Beispiele für die Anwendung von Flächenmodellen sind die Außenhaut von Tragflächen bei Flugzeugen, Karosserieteile von Automobilen und Armaturenbretter.

Eine wichtige Eigenschaft, die mathematische Ansätze zur Repräsentation von Freiformflächen in diesem Zusammenhang aufweisen müssen, ist die Möglichkeit einer intuitiven Gestaltung der zu konstruierenden Fläche. Hierzu wurden eine Reihe verschiedener Verfahren entwickelt, wie z.B. Coons-Flächen sowie die Flächenbeschreibungen nach Bezier und mittels B-Splines. Bezüglich der mathematischen Details zu solchen Flächenrepräsentationen sei der Leser auf Spezialliteratur [HaRo91] verwiesen.

Die *Volumenmodelliersysteme*, auch *Solid Modelling Systems genannt*, zeichnen sich durch die umfassendste Modellrepräsentation aus [ToCh93]. Am weitesten verbreitet sind die Beschreibung als *konstruktive Körpergeometrie*, englisch *Constructive Solid Geometry* oder kurz *CSG*, und die Beschreibung in Form einer *Randdarstellung*, englisch *Boundary Representation*, kurz *B-rep*.

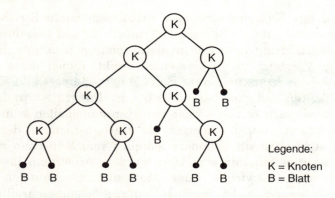

Abb. 2.3: Beispiel für Schema der CSG-Repräsentation

Beim CSG-Verfahren [CSG94] werden Objekte durch Grundkörper, auch Primitiva genannt, und eine Assemblierungsvorschrift repräsentiert, die festlegt, wie die jeweiligen Primitiva zu einem Ganzen zusammenzufügen sind. Genauer handelt es sich dabei um einen Binärbaum (vgl. Abb. 2.3), dessen Knoten Mengenoperationen (Vereinigung, Schnitt und Differenz) oder transformierte Objekte sind und dessen Blätter Primitiva oder Transformationsdaten darstellen. Als Primitiva kommen in erster Linie die Objekte Quader, Zylinder, Kugel, Kegel und Torus zum Einsatz. Mit anderen Worten werden beim CSG-Modell Konstruktionen dadurch spezifiziert, daß für benutzte Primitiva jeweils die Größe und Lage im Raum angegeben wird und sich höhere Teilkonstrukte jeweils über Boolesche Operationen auf bereits definierten Teilkonstrukten oder weiteren Primitiva ergeben. Während diese Repräsentationsform sehr kompakt ist und im wesentlichen auf einer gespeicherten Sequenz von Eingabeoperationen aufbaut, liegt eine explizite Beschreibung der einzelnen Körperkanten und -flächen nicht vor.

2.2. Dreidimensionale Modelle

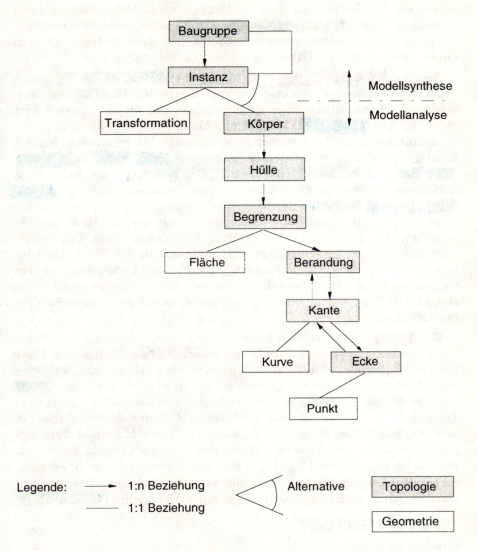

Abb. 2.4: Allgemeines Schema der Repräsentation von B-rep-Modellen

Konstruktionen bestehen in der Regel nicht nur aus Einzelteilen, sondern aus einer Baugruppenstruktur, die sich aus Unterbaugruppen und Einzelteilen zusammensetzt. Dementsprechend werden auch bei der Volumenmodellierung Modelle aufgebaut, die aus mehreren unverbundenen Einzelkörpern bestehen können. In diesem Fall muß neben der geometrischen Beschreibung der einzelnen Körper noch zusätzlich eine Transformationsvorschrift angegeben werden, die festlegt, wo die verschiedenen modellierten Teilkonstruktionen in einem gemeinsamen Weltkoordinatensystem lokalisiert sind.

Bei der Randdarstellung wird neben der Geometrie in Form von Flächen, Kurven und Punkten auch noch eine topologische Beschreibung des zu modellierenden dreidimensionalen Objekts gespeichert [Män88]. Die Topologie ist dabei ein Menge von Eigenschaften, die invariant bezüglich bestimmter geometrischer Informationen ist. Als topologische Elemente werden üblicherweise Ecke, Kante und Berandung bzw. Berandungsfläche sowie Hülle benutzt. Vom Englischen herkommend, werden diese topologischen Elemente auch als Vertex, Edge, Face und Shell bezeichnet. Die topologische Information, die gespeichert wird, besteht aus bestimmten Nachbarschaftsbeziehungen zwischen den einzelnen topologischen Elementen. Zum Teil unterscheiden sich die verschiedenen CAD-Systeme in der Wahl der konkreten Nachbarschaftsbeziehungen. Abb. 2.4 zeigt exemplarisch ein weitverbreitetes Repräsentationsschema für Volumenmodelle in Randdarstellung, wobei die Baugruppenstruktur in diesem Schema mit erfaßt ist.

Ein Vorteil der getrennten Repräsentation von Geometrie und Topologie besteht darin, daß bereits auf topologischer Ebene, also ohne konkrete geometrische Ausprägungen zu betrachten, die Validität eines Volumenobjektes weitgehend überprüft werden kann. Als valide werden Objekte betrachtet, die physikalisch existieren können. Eine Topologie, die solche Objekte repräsentiert, heißt *Mannigfaltigkeit*, bzw. im Englischen *Manyfold Topology*. In einer Manyfold Topology sind Objekte dadurch charakterisiert, daß jeder zum Objekt gehörende räumliche Punkt eine Umgebung hat, die homomorph zu einer zweidimensionalen Scheibe ist. Im Falle von polyedrischen Körpern mit Durchbrüchen muß beispielsweise für einen Körper die Poincaré-Regel

$$V + F - E - H + 2P - 2B = 0$$

erfüllt sein, wobei

- V die Anzahl der Ecken (Vertices),
- F die Anzahl der Berandungsflächen (Faces),
- E die Anzahl der Kanten (Edges),
- H die Anzahl der Löcher (Holes) in einer Berandungsfläche,
- P die Anzahl der Durchbrüche (Passages) und
- B die Anzahl der Körper (Bodies)

2.2. Dreidimensionale Modelle

ist. Die Poincaré-Regel liefert zwar eine notwendige, aber noch keine hinreichende Bedingung für die Validität eines Objektes. Zusätzlich muß noch gelten, daß

- nicht mehr als zwei Kanten an einer Berandungsfläche zusammentreffen und
- die Berandungskanten jeder Berandungsfläche vollständig sind und keine Verzweigungen haben.

Selbst ein positives Resultat einer solchen Topologieprüfung läßt noch keinen sicheren Schluß zu auf die physikalisch mögliche Existenz des modellierten Objekt. Dazu muß letztlich noch die geometrische Beschreibung auf Selbstverschneidungen von Kurven bzw. Flächen untersucht werden oder aber durch die Implementierung der Modellierfunktionen sichergestellt werden, daß Selbstverschneidungen nicht auftreten können. Neben der Modellierung von Objekten mit Manyfold Topology ist für CAD auch eine Darstellung von Objekten mit *Non-Manyfold Topology* [Wei86] interessant. Dies ist besonders dann der Fall, wenn in einem System heterogene Objekte handhabbar sein sollen. Ein Beispiel hierfür ist die Darstellung von einzelnen Referenzflächen als Randbedingung für die Ausprägung eines Volumenmodells.

Die Randdarstellung ist, wie bereits aus dem Schema von Abb. 2.4 hervorgeht, eine sehr umfangreiche Datenstruktur. Die Art und Weise der Entstehung der Konstruktion wird jedoch nicht festgehalten, lediglich das Ergebnis wird gespeichert. Ein wesentlicher Vorteil dieser Repräsentation besteht aber darin, daß die gesamte geometrische Beschreibung, insbesondere alle Schnittkurven und Teilflächen, explizit vorliegen. Damit ergibt sich die Möglichkeit einer unmittelbaren graphischen Darstellung des modellierten Objekts. Besonders wichtig ist in diesem Zusammenhang auch die Möglichkeit, daß einzelne geometrischen Elemente mit bestimmten Attributen zum Beispiel für Visualisierungszwecke oder in Form von Angaben für die Fertigungsplanung versehen werden können.

Nachdem offensichtlich sowohl das CSG-Modell als auch die B-rep-Darstellung spezifische günstige Eigenschaften aufweisen, wird in manchen Systemen eine duale Repräsentation gehalten. Häufig wird dabei das B-rep-Modell in einer beschränkten Genauigkeit für eine fortlaufende Visualisierung mitgeführt, während im parallel entstehenden CSG-Modell die exakten Modellangaben enthalten sind. Um Fertigungsdaten zu generieren, wird am Schluß der Konstruktion das CSG-Modell evaluiert, das heißt, es werden alle Verknüpfungsoperationen ausgeführt.

2.3. Interaktive Modellerstellung

In herkömmlichen Solid Modelling Systemen ist es eine übliche Methode, die Konstruktion schrittweise über Verknüpfung von Elementarkörpern aufzubauen. Die zugehörigen Verknüpfungsoperationen, auch Boolesche Operationen genannt, weil sie mathematisch gesehen auf der Operandenmenge eine Boolesche Algebra bilden, entsprechen den Verknüpfungen, wie sie im CSG-Baum gespeichert werden. Diese Eingabemethode ist jedoch zunächst unabhängig davon, ob systemintern ein CSG- oder B-rep-Modell gehalten wird.

Um mit Booleschen Operationen konstruieren zu können, müssen zunächst geeignete zu verknüpfende Körper festgelegt werden, mit denen sich ein geplanter Konstruktionsschritt bewerkstelligen läßt. Dann müssen die gewählten Körper in einem dreidimensionalen Koordinatensystem positioniert werden. Schließlich ist eine der Booleschen Operationen Vereinigung, Durchschnitt oder Differenzbildung zu wählen, die zum gewünschten Resultat führt. Diese Vorgehensweise bedeutet, daß der Benutzer gezwungen wird, sich in abstrakte mathematische Konzepte einzuarbeiten.

Das nachfolgend beschriebene Modellierverfahren ist an einer Simulation von gängigen spanabhebenden und sonstigen formgebenden Vorgängen orientiert, die in der Industrie alltäglich sind. Der Benutzer konstruiert dabei zunächst Profile, auf die anschließend eine Bearbeitungsfunktion angewendet wird [RoGsch89]. Die Profile können mit Werkzeugprofilen verglichen werden, während die Bearbeitungsfunktionen im wesentlichen einer fertigungsorientierten Operation mit dem durch die Profile charakterisierten Werkzeug entsprechen, wie z. B. Fräsen, Drehen usw. Es ist zu bemerken, daß die Bearbeitungsfunktionen nicht notwendigerweise die Technologie für die spätere Fertigung festlegen. Vielmehr sind sie als leistungsfähige Konstruktionsbefehle konzipiert, um leichtverständlich und effizient Volumenmodelle zu erzeugen.

Um diese Art von Konstruktionsprozeß so einfach wie möglich zu gestalten, wurde das sogenannte Konzept der Arbeitsebene entwickelt [Rol88]. Ziel dabei ist es, dem Anwender des Solid Modelling Systems die räumliche Konstruktion in dreidimensionalen Koordinatensystemen zu erleichtern.

2.3. Interaktive Modellerstellung

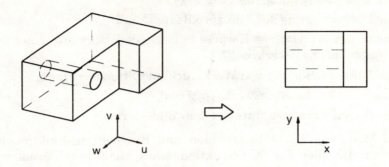

Abb. 2.5: Prinzip der Arbeitsebene

Eine Arbeitsebene ist eine Ebene im Raum, die zur Profilkonstruktion benutzt wird. Zu Beginn der Konstruktion hat eine Arbeitsebene voreingestellte Lageparameter und kann im weiteren Konstruktionsverlauf durch Identifikation einer Modellfläche neu positioniert werden, falls es erforderlich ist, mit einem Versatz hierzu und/oder einem Drehwinkel. Die Wahl der Arbeitsebene resultiert dabei in einer automatischen Transformation des bisher konstruierten Objekts derart, daß die Blickrichtung auf das Objekt senkrecht zur Arbeitsebene steht.

Abb. 2.5 veranschaulicht das Prinzip der Arbeitsebene. Die Profilkonstruktion in der Arbeitsebene kann auf diese Weise sehr einfach mit bekannten 2D-CAD-Funktionen erfolgen. Die räumliche Lage der Arbeitsebene und damit des konstruierten Profils wird vom System für den Benutzer transparent verwaltet. Zur weiteren Vorgehensweise stehen dem Benutzer Bearbeitungsfunktionen wie

- EXTRUDIEREN,
- DREHEN,
- FRÄSEN,
- ANSETZEN,
- STANZEN,
- LOCHEN

zur Verfügung. Bei der Ausführung einer solchen Bearbeitungsfunktion läuft systemintern automatisch eine Serie von herkömmlichen Grundoperationen ab. Im Falle von STANZEN ist dies beispielsweise

- die Topologieprüfung des Stanzprofils,
- die Positionierung des Stanzprofils im Raum,
- die Generierung eines Körpers mittels des Profils und einer Länge (ergibt das Stanzwerkzeug),
- die Differenzbildung von Werkstück und Stanzwerkzeug,
- das Löschen des Stanzwerkzeugs und
- die Anzeige des Resultats auf dem Bildschirm.

Solid Modelling mit Arbeitsebenen und Bearbeitungsfunktionen soll nun am Beispiel der Konstruktion eines Getriebegehäuses veranschaulicht werden. Abb. 2.6 zeigt zunächst, wie, ausgehend von 3 Profilen mit der Funktion FRÄSEN, Vertiefungen des vorliegenden Grundkörpers erzeugt werden. Im nächsten Schritt wird das Profil eines Anschlußflansches konstruiert. Dazu wird mit der Funktion ANSETZEN das entsprechende Volumen kreiert und mit dem Grundkörper vereinigt (vgl. Abb. 2.7).

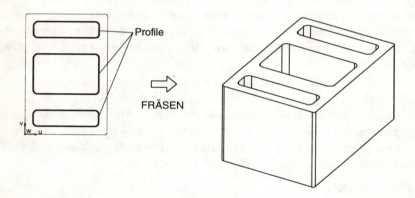

Abb. 2.6: Erzeugen von Vertiefungen mit vorgegebenen Profilen

2.3. Interaktive Modellerstellung

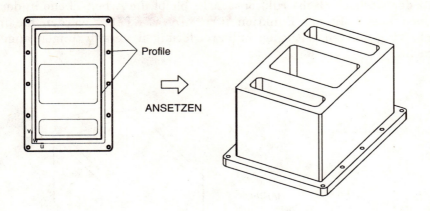

Abb. 2.7: Konstruktion eines Anschlußflansches

Als neue Arbeitsebene wird nun die Unterseite des Teils gewählt, und ein Profil wird eingegeben, das zur Abnahme der inneren Rippen mit der Funktion FRÄSEN dient (vgl. Abb. 2.8). Man beachte, daß dieses Profil einfacher als die exakte Umrandung der Rippen gehalten werden kann. Anschaulich gesprochen schadet es nichts, wenn der simulierte Fräsvorgang teilweise außerhalb des Teilevolumens stattfindet.

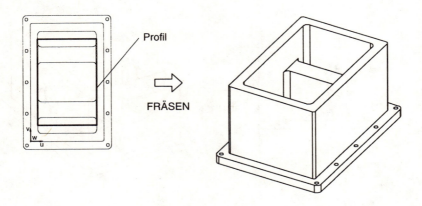

Abb. 2.8: Abnahme der Rippen im Inneren des Gehäuses

Für den nächsten Konstruktionsschritt bleibt die Arbeitsebene in derselben Lage. Mit der Funktion RADIAL ANSETZEN werden die in Abb. 2.9 gezeigten seitlichen halbkreisförmigen Verstärkungen angebracht.

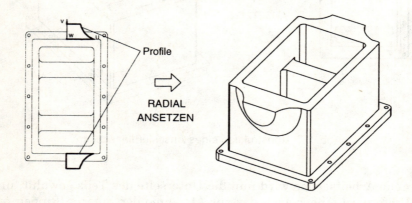

Abb. 2.9: Ansetzen von rotationssymmetrischen Volumen

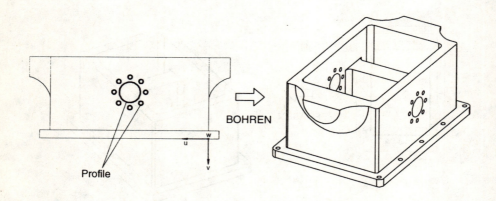

Abb. 2.10: Konstruktion von Durchgangslöchern

Nach Verlagerung der Arbeitsebene über die seitliche Längsfläche des Teils wird jetzt in einem Arbeitsgang, daß heißt mit einem Aufruf der

2.3. Interaktive Modellerstellung

Funktion **BOHREN**, ein Durchgangsloch mit acht radial angeordneten kleineren Bohrungen erzielt (vgl. Abb. 2.10).

Wie in Abb. 2.11 gezeigt, werden nun abschließend in analoger Weise Kühlschlitze mittels der Funktion **STANZEN** angebracht. Auch hier kann das entsprechende Profil außerhalb des Schlitzbereichs beliebig einfach gehalten werden.

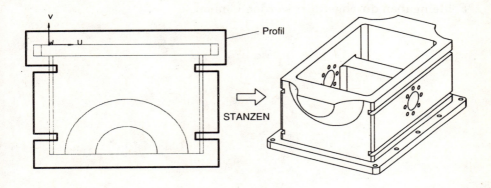

Abb. 2.11: Erzeugen von seitlichen Kühlschlitzen

Zusammengefaßt basiert die anhand dieses Beispiels erläuterte Methode darauf, daß planare Profile konstruiert werden und diese bei der Durchführung einer Bearbeitungsfunktion über eine Translation oder eine Rotation ein Volumen beschreiben.

Wenn die zugrunde liegenden Profile Freiformkurven enthalten, ergeben sich für die erzeugten Teilvolumina entsprechende Freiformflächen als Berandung. Eine noch weitergehende Verallgemeinerung der Erzeugung von Volumenmodellen über Profile [Gschw92] besteht darin, daß mehrere Profile als Querschnittsbeschreibungen eines Körpers benutzt werden. Um eine möglichst große Modellierungsflexibilität zu erreichen, werden diese Profile nicht als koplanar vorausgesetzt, sondern können beliebige Lagen im Raum einnehmen. Zusätzlich ist es möglich, die Beschreibung der Modellgenerierung zwischen den Profilen in Form einer Translations- oder Rotationsbewegung auf beliebige Verläufe zu erweitern. Diese Bewegungsverläufe werden dann jeweils durch Angabe einer Freifomkurve beschrieben.

Am gezeigten Beispiel des Getriebegehäuses wird bereits klar, daß es sich bei der vorgestellten Eingabemethode für Solid Modelling nicht nur um eine relativ natürliche, das heißt besonders leicht verständliche Methode handelt, sondern daß auch komplexe Konstruktionen mit verhältnismäßig wenigen Eingaben aufgebaut werden können. Für ein Solid Modelling System, basierend auf diesem Ansatz, bedeutet dies, daß einerseits sich die Einlernphase für den Benutzer stark reduziert und andererseits Konstruktionen schneller und potentiell mit weniger Fehleingaben durchgeführt werden können.

3. Variantenerzeugung durch Modellmodifikation

Nachdem in den vorangegangenen Kapiteln der grundsätzliche Aufbau von CAD-Modellen sowie eine Methode zur interaktiven Modellgenerierung vorgestellt wurden, sind Gegenstand dieses Kapitels die Methoden und Ansätze für eine effiziente Modifikation von zweidimensionalen und dreidimensionalen CAD-Modellen.

3.1. Grundlagen

Sowohl für zweidimensionale als auch für dreidimensionale Modelle kommt dem geometrischen Punkt als konstruktivem Basiselement eine zentrale Rolle zu. Im Fall von technischen Zeichnungen sind beispielsweise geometrische Elemente wie Linien und Kreise über Punkte definiert, und auch Annotationen wie Texte und Bemaßungen stützen sich auf geometrische Punkte. Auch im dreidimensionalen Fall sind Geraden und beliebige Raumkurven sowie Flächen einschließlich Freiformflächen im wesentlichen über Punkte definiert.

Im Datenmodell werden Punkte durch Angabe von Koordinaten bezüglich eines bestimmten Koordinatensystems gespeichert. Im zweidimensionalen Fall erfolgt dies in Form von zwei Gleitkommazahlen, im dreidimensionalen Fall werden entsprechend drei Gleitkommazahlen gespeichert. Abb. 3.1 zeigt den Punkt als Basisdatentyp für 2D und 3D in einem karthesischen Koordinatensystem. Grundsätzlich kommen jedoch auch Kreiskoordinatensysteme bzw. im dreidimensionalen Fall zylindrische Koordinatensysteme und Kugelkoordinatensysteme in Betracht.

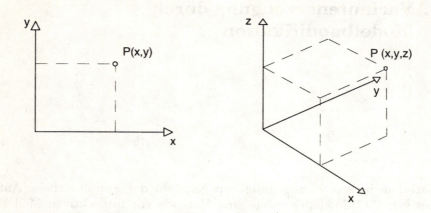

Abb. 3.1: Der Punkt als Basisdatentyp

Nachdem vielfältige Informationen über Punkte definiert sind, soll im folgenden gezeigt werden, wie die Änderung bzw. Modifikation von Punkten eines Modells auf einfache Weise bewerkstelligt werden kann. Zunächst werden dabei zweidimensionale Modelle betrachtet. Das Koordinatenpaar (x, y) eines Punkts P wird als zweidimensionaler Vektor betrachtet und in der Notationsform [x, y] geschrieben.

Grundlegende und in der Praxis am häufigsten vorkommende Änderungen von modellierten Objekten und Teilobjekten bezüglich ihrer Punktkoordinaten sind:

- Verschiebungen (Translationen)
- Größenänderungen (Skalierungen)
- Drehungen (Rotationen)

Verschiebungen von Punkten können in eine beliebige Richtung notwendig werden. Eine Vergrößerung oder Verkleinerung eines modellierten Objekts oder Teilobjekts bedeutet ein Auseinanderrücken bzw. dichteres Zusammenrücken von Punkten aufgrund einer neuen *Skalierung*. Bei einer *Rotation* handelt es sich um eine Drehung von Punkten um einen bestimmten Winkel, bezogen auf einen Drehmittelpunkt. Diese Art der Modifikationen fallen unter die Klasse der Transformationen.

Eine einheitliche, algorithmische Unterstützung von Translationen, Skalierungen und Rotationen wird ermöglicht, wenn ein in seiner Dimension um 1 höherer Vektorraum betrachtet wird. Die dabei hinzukommende Koordinate, auch homogene Koordinate genannt, wird

3.1. Grundlagen

für die folgenden Betrachtungen auf den Wert 1 gesetzt. Das heißt, es werden in einem karthesischen Koordinatensystem Vektoren in der räumlichen Ebene betrachtet, die durch z = 1 aufgespannt wird. Damit lassen sich alle grundlegenden Transformationen mittels einer Matrizenmultiplikation bewerkstelligen.

Die neuen homogenen Koordinaten [x´,y´, 1] eines Punktes mit den ursprünglichen Koordinaten [x, y, 1] ergeben sich nach einer Translation in x-Achsen- bzw. y-Achsenrichtung um die Beträge Δx bzw. Δy durch:

$$[x',y',1] = [x,y,1] \begin{bmatrix} 1 & 0 & 0 \\ 0 & 1 & 0 \\ \Delta x & \Delta y & 1 \end{bmatrix}$$

Die Durchführung einer Skalierung in x- und y-Richtung mit jeweils verschiedenen Skalierungsfaktoren S_x und S_y erfolgt mit:

$$[x',y',1] = [x,y,1] \begin{bmatrix} S_x & 0 & 0 \\ 0 & S_y & 0 \\ 0 & 0 & 1 \end{bmatrix}$$

Die Rotation von Punkten um einen Winkel α mit dem Koordinatenursprung als Drehmittelpunkt ergibt sich durch Multiplikation mit einer Rotationsmatrix aus:

$$[x',y',1] = [x,y,1] \begin{bmatrix} \cos\alpha & \sin\alpha & 0 \\ -\sin\alpha & \cos\alpha & 0 \\ 0 & 0 & 1 \end{bmatrix}$$

Mathematisch gesehen handelt es sich bei diesen Transformationen um affine Abbildungen, das heißt umkehrbare und eindeutige lineare Abbildungen. Beliebige affine Abbildungen lassen sich durch Verknüpfung der grundlegenden Transformationen Translation, Skalierung und Rotation erzeugen. Der Verknüpfung von Translationen entsprechen dann die Produkte der jeweiligen Matrizen. Damit lassen sich verknüpfte Transformationen zu einer äquivalenten einzelnen Abbildung zusammenfassen. Es gilt jedoch für die entsprechende Hintereinanderausführung bzw. Matrizenmultiplikation nur eine eingeschränkte Kommutativität:

- Translationen sind vertauschbar
- Skalierungen sind vertauschbar
- Rotationen um dieselbe Drehachse sind vertauschbar
- Rotationen um verschiedene Achsen sind im allgemeinen nicht vertauschbar

Dreidimensionale Punkte P = (x, y, z) haben in der Darstellung mit homogenen Koordinaten die Form [x, y, z, 1]. Eine Translation um Δx in x-Achsenrichtung, um Δy in y-Achsenrichtung und um Δz in z-Achsenrichtung läßt sich analog zum 2D-Fall durch eine Matrixmultiplikation der Form

$$[x',y',z',1] = [x,y,z,1] \begin{bmatrix} 1 & 0 & 0 & 0 \\ 0 & 1 & 0 & 0 \\ 0 & 0 & 1 & 0 \\ \Delta x & \Delta y & \Delta z & 1 \end{bmatrix}$$

erreichen. Die Skalierung mit Skalierungsfaktoren S_x, S_y und S_z, jeweils in x-, y- bzw. z-Achsenrichtung, ergibt sich zu:

$$[x',y',z',1] = [x,y,z,1] \begin{bmatrix} S_x & 0 & 0 & 0 \\ 0 & S_y & 0 & 0 \\ 0 & 0 & S_z & 0 \\ 0 & 0 & 0 & 1 \end{bmatrix}$$

Während in der Ebene im Fall der Rotation nur eine Drehung um einen bestimmten Drehmittelpunkt zu betrachten war, ist im dreidimensionalen Fall eine Drehung um eine beliebige Raumachse zu realisieren. Eine solche beliebige Drehung wiederum läßt sich als Verknüpfung von Drehungen um die x-, die y- und die z-Achse beschreiben. Um Drehbewegungen um die verschiedenen Achsen als Matrizenmultiplikationen auszuführen, seien die Drehbewegungen, wie in Abb. 3.2 dargestellt, zugrunde gelegt.

3.1. Grundlagen

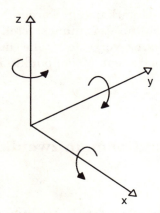

Abb. 3.2: Rotation im dreidimensionalen Raum um die x-, y- und z-Achse

Eine Rotation um die x-Achse um einen Winkel α ergibt sich dann folgendermaßen:

$$[x',y',z',1] = [x,y,z,1] \begin{bmatrix} 1 & 0 & 0 & 0 \\ 0 & \cos\alpha & \sin\alpha & 0 \\ 0 & -\sin\alpha & \cos\alpha & 0 \\ 0 & 0 & 0 & 1 \end{bmatrix}$$

Eine Rotation um die y-Achse um einen Winkel β ergibt sich zu:

$$[x',y',z',1] = [x,y,z,1] \begin{bmatrix} \cos\beta & 0 & -\sin\beta & 0 \\ 0 & 1 & 0 & 0 \\ \sin\beta & 0 & \cos\beta & 0 \\ 0 & 0 & 0 & 1 \end{bmatrix}$$

Schließlich ist die Rotation um die z-Achse um einen Winkel γ bestimmt durch:

$$[x',y',z',1] = [x,y,z,1] \begin{bmatrix} \cos\gamma & \sin\gamma & 0 & 0 \\ -\sin\gamma & \cos\gamma & 0 & 0 \\ 0 & 0 & 1 & 0 \\ 0 & 0 & 0 & 1 \end{bmatrix}$$

In den nächsten beiden Unterkapiteln werden höhere Funktionen für Modelländerungen sowohl für Zeichnungserstellungssysteme als auch für 3D-Volumenmodellierer vorgestellt, die unter Anwendung von Transformationen auf betroffene Modellpunkte implementiert werden können.

3.2. Änderungsfunktionen in zweidimensionalen Systemen

Der Ausgangspunkt der folgenden Betrachtung ist eine Änderungsanforderung bezüglich der Geometrie eines Teils, das in Form einer 2D-Zeichnung beschrieben ist. Die durchzuführende Änderung soll nun dahingehend unterstützt werden, daß

1. die Änderung der entsprechenden geometrischen Teile mit möglichst wenig Eingaben durchgeführt werden kann und
2. sich die Annotation der Zeichnung, d.h. Bemaßung, Hinweistexte, Schraffuren und Symbole, vollautomatisch anpaßt.

Um typische, immer wieder anfallende Änderungen von der Funktionalität her abzudecken, werden für diese eigene Befehle vorgesehen. Beispiele für solche Änderungsbefehle sind:

- DEHNEN (STRETCH)
- DREHEN (ROTATE)
- ISOMETRISCHE TRANSFORMATIONEN (ISOMETRIC)

Die verwendeten Befehlsnamen haben nur einen Beispielcharakter und können in konkreten CAD-Systemen anders heißen. Die in Klammern angegebenen Notationen sind Bezeichnungen, die in englischen Systemversionen häufig vorkommen. Die Ausführung dieser Befehle erfolgt nach folgendem Ablaufschema:

1. *Abfrage der betreffenden geometrischen Elemente beim Benutzer*
   Hierzu sind leistungsfähige Auswahlmöglichkeiten vorzusehen, wie das Skizzieren eines geschlossenen Polygonzugs oder das Aufspannen eines Rechtecks, welches alle relevanten Geometrieteile enthält. Außerdem sollte es möglich sein, die auszuwählenden Elemente durch direktes Anklicken zu erfassen.

3.2. Änderungsfunktionen in zweidimensionalen Systemen

Für Fälle, in denen relativ viele Elemente betroffen sind, die jedoch nicht ohne weiteres mit einem einzelnen geschlossenen Polygonzug erfaßt werden können, sollte die Möglichkeit vorhanden sein, verschiedene identifizierte Elementmengen mengentheoretisch zu kombinieren. Auf diese Weise kann dann die Menge der für den Modifikationsbefehl maßgeblichen Elemente spezifiziert werden durch Angaben wie A $\cup$ B, A $\cap$ B oder A - B, wenn A und B jeweils selektierte Einzelmengen sind.

2. *Abfrage der Befehlsparameter vom Benutzer*

   Abstände, Winkel, Positionen usw., die der jeweilige Befehl zur Ausführung benötigt, müssen eingegeben werden.

3. *Bestimmung der Transformationsmatrix*

   Für den jeweiligen Befehl wird anhand der eingegebenen Befehlsparameter die entsprechende Tansformationsmatrix bestimmt.

4. *Bestimmung der neuen Geometrie*

   Dies erfolgt derart, daß die Koordinatenvektoren aller zu berücksichtigenden geometrischen Punkte mit der bestimmten Transformationsmatrix multipliziert werden.

5. *Reevaluierung bzw. Neuzeichnung*

   Schraffuren, Bemaßung, Symbole und Texte sind an die Änderung anzupassen. Wenn die dazugehörenden Datenstrukturen entsprechend der Beschreibung in Kapitel 2.1 assoziativ aufgebaut sind, so daß die Informationstypen über Verweise auf geometrische Punkte der Konstruktion definiert sind, kann die Anpassung von Schraffuren, Maßen, Symbolen und Texten vom System automatisch ohne jegliche zusätzliche Benutzereingaben ausgeführt werden.

Die oben beispielhaft genannten Änderungsbefehle sollen nun bezüglich ihrer Aufgabe näher betrachtet werden. Der Befehl DEHNEN dient dazu, eine Teilmenge von geometrischen Elementen der Konstruktion zu vergrößern oder zu verkleinern. Verbindungspunkte von geometrischen Elementen untereinander, wie zum Beispiel gemeinsame Anfangs-, End- oder Schnittpunkte von Linien, sollen dabei erhalten bleiben. Anschaulich gesprochen, sollen Linien sich dabei wie Gummibänder verhalten, die durch den Befehl DEHNEN mehr oder weniger angespannt werden können. In diesem Sinn wird ein Dehnen bzw. Stauchen von geometrischen Elementen erreicht.

In der überwiegenden Anzahl der Fälle ist diese Änderung in horizontaler oder vertikaler Richtung auszuführen. Das heißt, die betreffenden Elemente sollen sich um einen bestimmten Betrag in der jeweiligen Ausdehnungsrichtung vergrößern bzw. verkleinern. Um dies leicht handhabbar zu gestalten, sollte der DEHNEN-Befehl im Befehlsmenü mit den Optionen

- waagrecht
- senkrecht
- beliebig

angeboten werden. Bei den Optionen *waagrecht* und *senkrecht* ist dann jeweils lediglich eine positive oder negative Zahl einzugeben, je nachdem ob durch den Befehl DEHNEN eine Verkleinerung oder Vergrößerung der betroffenen Elemente erfolgen soll. Optional sollte auch die Möglichkeit vorgesehen sein, die Größe der Änderung in graphischer Form durch eine Cursor-Bewegung *beliebig* zu bestimmen. Je nach Befehlsoption ist dabei nur die Abstandskomponente in horizontaler bzw. vertikaler Richtung oder der gesamte Abstand und die Richtung der Cursor-Bewegung zu verwenden.

Der Befehl DREHEN hat die Aufgabe, Teile einer Konstruktion um einen beliebigen vom Benutzer zu spezifizierenden Drehmittelpunkt und um einen ebenfalls vom Benutzer einzugebenden Rotationswinkel zu drehen. Wie im Fall von DEHNEN soll auch bei DREHEN die Eingabe der Parameter in numerischer Form über die Tastatur sowie graphisch-interaktiv über eine entsprechende Cursor-Bewegung erfolgen können.

Eine dreidimensionale Darstellung einer Konstruktion in Form einer isometrischen Ansicht erleichtert im allgemeinen die Lesbarkeit bzw. Interpretierbarkeit einer technischen Zeichnung für den Menschen (Konstrukteur, Arbeitsvorbereiter, Qualitätssicherungsfachmann usw.). Ohne eine besondere Unterstützung durch ein CAD-System ist jedoch die Anfertigung einer isometrischen Darstellung relativ aufwendig und wird daher in der Praxis nur selten erzeugt.

Die Unterstützung beim Erzeugen einer isometrischen Ansicht mit Hilfe eines Modifikationsbefehls kann in der Form erfolgen, daß bereits existierende Geometrien für Vorderansicht, Seitenansicht und Draufsicht in entsprechend modifizierter Form zusammengebaut werden. Hierzu ist bei der Befehlsdurchführung vom Benutzer die Eingabe der Position für die isometrische Ansicht sowie die Identifikationen der bereits existierenden Orthogonalansichten einzugeben.

Für die Darstellung der isometrischen Ansicht sind die einzelnen orthogonalen Ansichten entsprechend zu transformieren. Dies erfolgt durch Multiplikation der jeweiligen Punktkoordinaten der geometrischen Elemente einer Orthogonalansicht mit einer geeigneten Transformationsmatrix. Diese Transformationsmatrix muß in diesem Fall eine Scherung mit in der Norm festgelegten Winkeln bewerkstelligen.

3.3. Modifikation von dreidimensionalen Modellen

Wie bereits im ersten Kapitel erörtert, spielen in der Praxis Änderungen an Konstruktionen eine wesentliche Rolle. Das gilt zunächst grundsätzlich auch dann, wenn mittels CAD-Daten computerunterstützte Analysen und Simulationen vor der Teilefertigung durchgeführt werden. Eine derartige Unterstützung erlaubt potentiell eine bessere iterative Optimierung von Konstruktionen. Leistungsfähige Modifikationsfunktionen für CAD-Systeme sind daher von besonderer Wichtigkeit.

Eine Technik, die es erlaubt, Änderungen an CAD-Modellen über Maßparameter durchzuführen, ist die parametrische Modellierung. Sie ist Gegenstand der nächsten Kapitel. Die parametrische Modellierung erfordert, wie noch gezeigt wird, bei der Eingabe einen nicht zu vernachlässigenden Zusatzaufwand, der sich im allgemeinen nicht für alle Konstruktionen wirtschaftlich rechtfertigen läßt.

Im folgenden wird - komplementär zur parametrischen Modellierung - ein Ansatz vorgestellt, der effiziente Modifikationen an Volumenmodellen für Einzelkonstruktionen erlaubt [Rol89b]. Dieser Ansatz erfordert einerseits keinen Zusatzaufwand bei der Modellerstellung und unterstützt andererseits Modifikationen, die sich nicht ohne weiteres als Maßänderungen interpretieren lassen, wie zum Beispiel eine Flächenverformung. Beispiele für die hier betrachteten Modifikationsfunktionen sind:

- DREHEN
- ZIEHEN
- FLÄCHENVERFORMUNG
- FORMSCHRÄGE
- FASE
- VERRUNDUNG
- ENTFERNEN

Die Realisierung dieser Modifikationsfunktionen erfolgt durch sogenannte *lokale Operationen* an B-rep-Modellen, mit subsequenter Validitätsprüfung. Unter lokalen Operationen werden Manipulationen an Teilen der Datenstruktur verstanden, bei denen nicht in jedem Schritt immer die gesamte Modellintegrität sichergestellt ist. Typische Beispiele für lokale Operationen sind:

- Austauschen einer geometrischen Flächendefinition
- Ersetzen einer Fläche durch mehrere andere Flächen
- Rotation und/oder Translation einer Fläche
- Kreieren einer zusätzlichen Fläche
- Löschen einer Fläche

Es wird dabei vorausgesetzt, daß die Flächen des Modells zunächst in einer unbegrenzten Form vorliegen und durch Verschneidung mit Nachbarflächen begrenzt werden. Die Modifikationsfunktionen beruhen dann auf der systeminternen Ausführung einer oder mehrere lokaler Operationen. Um sicherzustellen, daß nach Abschluß einer Sequenz von Modifikationsfunktionen die resultierende Datenstruktur ein gültiges, das heißt eindeutiges und vollständiges Volumenmodell repräsentiert, ist eine explizite Überprüfung, genannt Validätsprüfung, notwendig.

Der besondere Vorteil dieser Vorgehensweise ist, daß Modifikationsfunktionen schnell bzw. interaktiv ausgeführt werden können und die rechenintensiven Validätsprüfungen zusammengefaßt am Ende einer Modifikationssequenz erfolgen können. Im folgenden werden Beispiele von konkreten Modifikationsfunktionen vorgestellt.

Abb. 3.3: Drehen einer Fläche

Abb. 3.3 veranschaulicht die Wirkung der Modifikationsfunktion DREHEN, angewandt auf eine Fläche F. Dabei wird die Fläche F um die z-Achse des Koordinatensystems um einen einzugebenden Win-

3.3. Modifikation von dreidimensionalen Modellen

kelwert rotiert. Die Schnittkurven mit den restlichen Flächen werden neu berechnet.

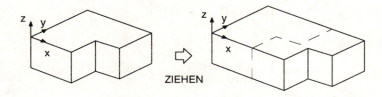

Abb. 3.4: Verziehen einer Flächengruppe

In Abb. 3.4 ist die Modifikationsfunktion ZIEHEN gezeigt. ZIEHEN arbeitet in diesem Beispiel auf eine Flächengruppe. Analog zur DREHEN-Funktion wird die gewählte Flächengruppe dabei einer Translation unterworfen und anschließend mit den Nachbarflächen verschnitten.

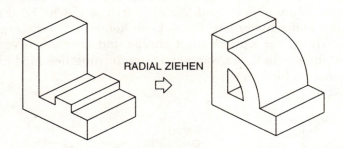

Abb. 3.5: Radiales Ziehen einer Fläche

Abb. 3.5 zeigt ein Beispiel für RADIAL ZIEHEN, angewandt auf eine Fläche. In diesem Fall sind die beiden zylindrischen Nachbarflächen automatisch neu zu kreieren.

Ein Beispiel für die Funktion FLÄCHENVERFORMUNG zeigt Abb. 3.6. Hier wird die zunächst planare Deckfläche eines Zylinders gewölbt. Intern wird dabei eine als Ebene gegebene Fläche durch eine Kugelfläche ersetzt.

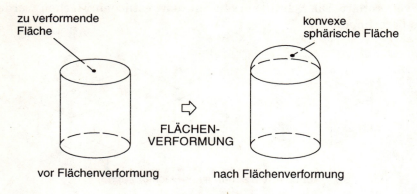

Abb. 3.6: Flächenverformung

Eine Funktion, die insbesondere sehr hilfreich ist für Anwendungen im Bereich des Plastikspritzguß, ist die Erzeugung oder Änderung von Formschrägen. Abb. 3.7 zeigt dies schematisch an einem Beispiel, wobei die mit F1 bis F5 gekennzeichneten Flächen eine Formschräge erhalten sollen. Während sich dabei für die Flächen F1 bis F4 lediglich die Lage im Raum ändert, muß die zylindrische Fläche F5 ihre Form ändern und konisch werden. Diese neue konische Fläche ergibt sich über den Winkel der Entformungsschräge und über einen vorgegebenen Bezugsquerschnitt, der bei der Durchführung des Modifikationsbefehls konstant bleiben muß.

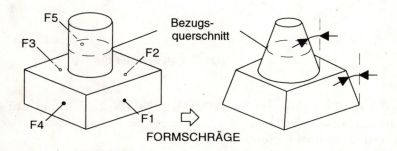

Abb. 3.7: Änderung der Flächenneigung

In Abb. 3.8 und Abb. 3.9 wird das Anbringen von Fasen bzw. das Verrunden von Kanten mit den Funktionen FASE und VERRUNDUNG gezeigt. Die jeweils von K1 bis K9 bezeichneten Kanten seien vom

3.3. Modifikation von dreidimensionalen Modellen

Konstrukteur ausgewählt und sollen angefast bzw. verrundet werden. Bei der Funktion FASE werden dazu für jede Kante die jeweilige Fasenbreite und optional ein Fasenwinkel vorgegeben und im Fall der Funktion VERRUNDUNG jeweils ein Rundungsradius.

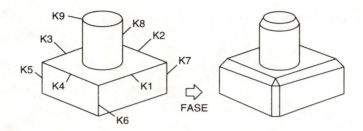

Abb. 3.8: Anfasen von Kanten

Bei der Ausführung von diesen Funktionen müssen zusätzliche Flächen in die Datenstruktur eingebaut werden. Während dies bei der Funktion FASE planare Flächen sind, ergeben sich bei der Verrundung in der Regel komplex gekrümmte Flächen, die oft nicht mehr analytisch geschlossen beschreibbar sind [Zho94].

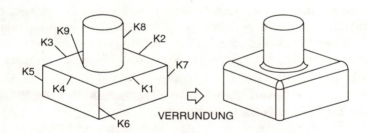

Abb. 3.9: Automatische Kanten- und Eckenverrundung

Der umgekehrte Fall ist das Eliminieren von speziellen Flächen. Eine entsprechende Modifikationsfunktion hierfür ist ENTFERNEN. Hier handelt es sich nicht um eine triviale Funktion, bei der lediglich ein Element zu löschen ist, vielmehr muß ein Volumenmodell erzeugt werden, welches das zu löschende Formelement nicht mehr enthält, aber trotzdem ein valides Modell darstellt.

Abb. 3.10 zeigt schematisch, wie dies im Falle einer zu löschenden Fase durch eine geeignete Erweiterung der angrenzenden Flächenstücke und Neuberechnung der Schnittkurven als Berandung der entsprechenden Flächen bewerkstelligt werden kann.

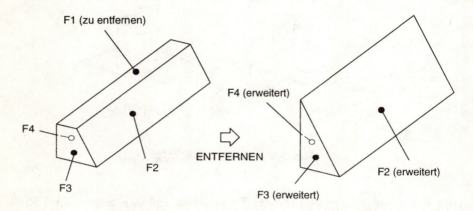

Abb. 3.10: Beispiel für Entfernen einer Flächen

Die gezeigten Beispiele sollten die Mächtigkeit von Modifikationsfunktionen für den Benutzer demonstrieren. Die typische Vorgehensweise beim Ändern einer Konstruktion wird dabei auf hohem Niveau unterstützt, das heißt, es sind für relativ komplexe Änderungen nur wenige Eingaben erforderlich. Dies resultiert in einer signifikanten Leistungssteigerung beim Einsatz eines Solid Modelling Systems.

Es soll nun am Beispiel der automatischen Verrundung noch gezeigt werden, daß der grundsätzliche Ansatz Modifikationsfunktionen zu verwenden zwar ein gewaltiges Effizienzsteigerungspotential darstellt, aber in vielen praktischen Fällen größere technische Schwierigkeiten mit sich bringt. Konkrete CAD-Systeme unterscheiden sich zum Teil stark dadurch, inwieweit sie solche Funktionen unterstützen.

Abb. 3.11 zeigt ein einfaches Beispiel, bei dem eine berechnete Verrundungsfläche sich nicht vollständig an die der Verrundungskante benachbarten Flächen anbringen läßt. Man muß nun dafür sorgen, daß entweder die "überstehenden" Teile der Verrundungsfläche durch Berechnung einer neuen entsprechenden Berandungskurve verschwinden oder die von der Verrundungsfläche berührte zusätzliche Kante ebenfalls verrundet wird.

3.3. Modifikation von dreidimensionalen Modellen

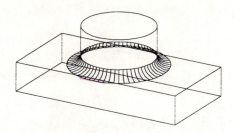

Abb. 3.11: Verrundung mit Verlauf über Nachbarflächen hinweg

Abb. 3.12 zeigt ein Beispiel, bei dem sich zwei Verrundungsflächen überlappen. Hier ist das Ergebnis unter Umständen abhängig von der Reihenfolge der Generation der einzelnen Verrundungsflächen. Außerdem ist auch hier zu entscheiden, wie der Überlappungsbereich aussehen soll.

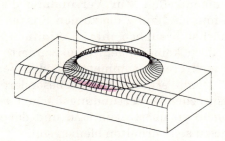

Abb. 3.12: Verrundung mit überlappenden Verrundungsflächen

Eine weitere Situation, in der die automatische Erzeugung von Verrundungen problematisch ist, kommt zustande, wenn die zu verrundenden Kanten nicht geradlinig oder kreisförmig verlaufen, sondern eine beliebig komplexe Krümmung aufweisen.

Abb. 3.13 zeigt ein Beispiel, bei dem die zu verrundende Kante als Schnittkurve von zwei miteinander zum Schnitt zu bringenden Zylinderflächen entsteht. Selbst bei der Wahl eines konstanten Verrundungsradius über den Kantenverlauf ergibt sich hier bereits eine Verrundungsfläche, die sich analytisch nicht oder nur sehr aufwendig beschreiben läßt. Andererseits ist es offensichtlich, daß eine manuelle Konstruktion einer passenden Freiformfläche mit entsprechender Genauigkeit einen ganz erheblichen Aufwand bedeuten würde.

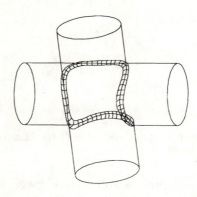

Abb. 3.13: Verrundung mit komplexer Verrundungsfläche

Weitere Probleme treten auf, wenn mehrere Verrundungskanten an einer Stelle zusammentreffen. Zur Verrundung dieser entsprechend komplexen Ecken müssen häufig die zu den Kanten gehörenden Rundungsflächen zunächst bezüglich ihres Definitionsbereichs erweitert werden. Es gibt jedoch keine allgemein akzeptierte Vorschrift dafür, wie Regionen von mehreren zusammenlaufenden Verrundungsflächen zu gestalten sind. Damit ergeben sich insbesondere dann Schwierigkeiten, wenn entsprechende Verrundungsflächen zwischen verschiedenen CAD-Systemen zu übertragen sind und dabei die Eigenschaft Verrundungsfläche zu sein, erhalten bleiben soll.

4. Variantentechnik durch parametrische Modellierung

Neben der im vorangegangenen Kapitel beschriebenen Methode zur Durchführung von Konstruktionsänderungen bzw. Bildung von Varianten besteht ein anderer Ansatz darin, von vornherein parametrische CAD-Modelle aufzubauen. Varianten werden dann dadurch erzeugt, daß Parameter des zugrundeliegenden Modells geändert werden.

Diese Vorgehensweise wirft jedoch gegenüber konventionellen CAD-Modellen einige zusätzliche neue Problematiken auf. In diesem Kapitel werden zuerst wichtige Aspekte erläutert, die für parametrisches CAD von fundamentaler Bedeutung sind. Anschließend wird das allgemeine Verfahrensprinzip, nach dem typischerweise konkrete parametrische CAD-Systeme aufgebaut sind [HoDa94], beschrieben und schließlich einige der typischen Problemfelder aufgezeigt, für die im allgemeinen noch keine vollkommen zufriedenstellende Lösung existiert.

4.1. Explizite und implizite Restriktionen

Fachgerecht aufgebaute technische Zeichnungen erlauben dem Arbeitsvorbereiter eine eindeutige Interpretation eines zu fertigenden Einzelteils bzw. einer zu montierenden Baugruppe. Die geometrische Form und Größe einer Konstruktion wird dabei durch Geometrielinien und eine Bemaßung dargestellt. Zur maßgerechten Beschreibung werden Abstandsmaße, Winkelmaße sowie Radius- und Durchmessermaße verwendet.

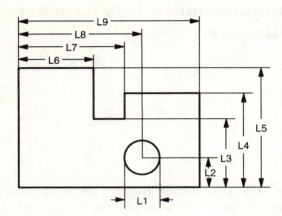

Abb. 4.1: Vollständige Bemaßung

Um die Eindeutigkeit einer Konstruktion zu gewährleisten, muß eine vollständige Bemaßung (vgl. Abb. 4.1) vorliegen. Vollständig bedeutet dabei, daß die Konstruktion für den Fachmann als Betrachter so beschrieben ist, daß die gesamte Teilegeometrie in ihrer Größe festliegt. Die Maßangaben, die hierzu in der technischen Zeichnung angebracht werden, sind jedoch im allgemeinen nicht vollständig. Vielmehr interpretiert der Fachmann beim Lesen einer technischen Zeichnung zusätzliche Informationen hinein, welche die geometrische Ausprägung einschränken.

Diese vorausgesetzten, aber nicht explizit in der Zeichnung eingetragenen Annahmen bezüglich der Einschränkung der geometrischen Ausprägung heißen *implizite Restriktionen*, während direkte Angaben über Maße als *explizite Restriktionen* bezeichnet werden. Abb. 4.2 zeigt explizite und implizite Restriktionen an einem einfachen Beispiel.

Explizite und implizite Restriktionen zusammen müssen für eine fertigungsgerechte Konstruktion eine vollständige, aber nicht überbemaßte und außerdem widerspruchsfreie Beschreibung darstellen. Für den menschlichen Betrachter ist es allerdings bereits bei relativ einfachen Konstruktionen oft schwierig zu erkennen, ob sie vollständig und widerspruchsfrei bemaßt sind. Abb. 4.3 zeigt als Beispiel eine bemaßte Einzelteilzeichnung, die eine Draufsicht auf einen Schlüsselbart darstellt. Unter Berücksichtigung der passenden impliziten Restriktionen, insbesondere von tangentialen Übergängen zwischen Kreisbögen, ist diese Zeichnung korrekt bemaßt.

4.1. Explizite und implizite Restriktionen

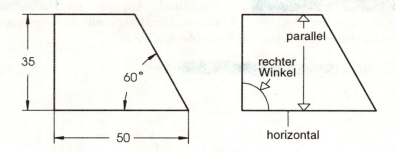

Abb. 4.2: Beispiel für Restriktionen
Links: Maßangaben. Rechts: Implizite Restriktionen

Ein geometrisches Modell, dessen Elemente durch eine geeignete minimale Anzahl von Restriktionen keine Freiheitsgrade mehr haben, heißt *vollspezifiziert* oder in der englischsprachigen Literatur *well-constrained*. Entsprechend ist ein geometrisches Modell, das noch Freiheitsgrade enthält, *unterspezifiziert* oder auch *under-constrained*. Eine Überbemaßung führt zu einem *überspezifizierten* Modell bzw. einem *over-constrained* model. Explizite und implizite Restriktionen als eine Grundlage zur Spezifikation der Geometrie sollen im folgenden näher betrachtet werden.

Explizite Restriktionen

Allgemein definieren Restriktionen eine Relation innerhalb einer Konstruktion. Explizite Restriktionen werden durch Maßangaben in Form von Abstandsmaßen, Längenmaßen, Radienmaßen, Durchmessermaßen, Winkelmaßen und gegebenenfalls auch durch Festlegen von Beziehungen zwischen Maßen beschrieben. Typische Beziehungen zwischen Maßen sind

- algebraische Zusammenhänge und
- logische Relationen.

Algebraische Zusammenhänge zwischen Maßen lassen sich durch Angabe einer Formel wie zum Beispiel

$$L3 = (L1 + L2) / 2$$

beschreiben, wobei L1, L2 und L3 Variablen für Längenmaße sind. Im dreidimensionalen Fall ist es wichtig, daß auch Relationen zwischen Maßen von verschiedenen Körpern gesetzt werden können, um damit auch die Modellierung von Baugruppen abzudecken.

Logische Restriktionen werden durch Angabe von **Bedingungen** definiert, die für bestimmte Maße einzuhalten sind. Ein Beispiel für eine derartige Restriktion ist folgende Angabe:

Wenn L1 größer 100, dann L2 = 20

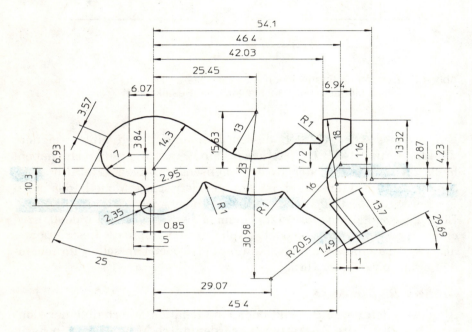

Abb. 4.3: Bemaßte Einzelteilzeichnung

Implizite Restriktionen

Implizite Restriktionen werden häufig auch geometrische Restriktionen genannt. Sie reduzieren die Freiheitsgrade für geometrische Elemente. Dies kann einerseits für einzelne Elemente ohne weiteren Kontext (einstellige Relationen) erfolgen und andererseits auch durch mehrstellige Relationen, das heißt Relationen zwischen verschiedenen geometrischen Elementen (vgl. Abb. 4.4). Beispiele für implizite Restriktionen in Form von einstelligen Relationen sind:

- Linie horizontal ausgerichtet
- Linie vertikal ausgerichtet

4.1. Explizite und implizite Restriktionen

Typische Beispiele für **mehrstellige implizite Restriktionen** sind:

- Linie parallel zu einer weiteren Linie
- Linie kollinear zu einer weiteren Linie
- Linie rechtwinklig zu einer weiteren Linie
- Linie symmetrisch zu einer weiteren Linie bezüglich einer gegebenen Symmetrielinie
- Linie tangential an einen Kreis oder Kreisbogen
- Kreisbogen tangential an einen weiteren Kreisbogen
- Kreis konzentrisch zu einem weiteren Kreis

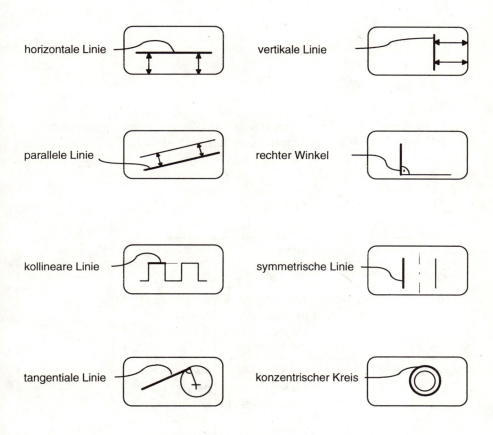

Abb. 4.4: Typische implizite Restriktionen

Bei dreidimensionalen geometrischen Modellen kommen weitere implizite Restriktionen in Betracht. Ein Beispiel dafür ist die Koaxialität. Flächen von gleichem sowie von verschiedenem Typ können koaxial zueinander definiert sein. So kann per Restriktion eine zylindrische Fläche koaxial zu einer Kegelfläche festgelegt sein.

Allgemein lassen sich relative Positionierungsrestriktionen zwischen Punkten, Kurven, Flächen und Volumina formulieren (vgl. Abb. 4.5). Typische derartige Restriktionen sind:

- identisch mit
- fluchtend mit
- parallel zu
- konzentrisch zu
- koaxial zu
- unter Winkel zu
- überdeckend mit
- eingepaßt in

Von besonderer Bedeutung sind in diesem Zusammenhang sogenannte Wirk- bzw. Berührungsflächen. Hier handelt es sich um jeweils zwei Flächen mit der Vorgabe, daß diese geometrisch innerhalb der Definition einer der beiden Flächen identisch sein müssen. Die Normalen haben dabei die entgegengesetzte Richtung.

	Punkt	Kurve	Fläche	Volumen
Punkt	identisch mit	fluchtend mit	fluchtend mit	
Kurve	fluchtend mit	fluchtend mit parallel zu konzentrisch zu unter Winkel zu	parallel zu koaxial zu unter Winkel zu	
Fläche	fluchtend mit	parallel zu koaxial zu unter Winkel zu	fluchtend mit parallel zu koaxial zu unter Winkel zu überdeckend mit	
Volumen				eingepaßt in

Abb. 4.5: Typen von geometrischen Restriktionen

4.1. Explizite und implizite Restriktionen

Eine feinere Unterteilung von expliziten und impliziten Restriktionen kann durch eine Berücksichtigung der Bedeutung vorgenommen werden in:

- funktionale Restriktionen
- technische Restriktionen
- metrische Restriktionen
- geometrische Restriktionen

Funktionale Restriktionen beschreiben dabei Vorgaben, typischerweise von Maßen, die sich aufgrund eines funktionalen Aspekts einer Konstruktion ergeben. Beispielsweise kann ein Durchmessermaß D für eine Befestigungsbohrung innerhalb der Konstruktion in der Form

$$D = f(d)$$

abhängig von einem bestimmten Druck d sein, wobei die Restriktionsfunktion f den Zusammenhang beschreibt. Allgemein kann eine solche Funktion auch auf einem vektoriellen Argumentbereich definiert sein, das heißt, der Funktionswert bzw. ein Maß hängt gleichzeitig von mehreren Parametern ab.

Technische Restriktionen beziehen sich auf Einschränkungen von Maßen im Hinblick auf die Fertigungsmöglichkeiten. Sie legen zulässige Toleranzen fest. Als Beispiel könnte für ein Längenmaß L eine Restriktion in der Form

$$L \in [\, L_n + 0.2;\ L_n - 0.4\,]$$

gegeben sein, die besagt, daß die Länge L in einem bestimmten Intervall um den Nominalwert L_n liegen muß.

Metrische Restriktionen betreffen Maßgrößen einer Konstruktion. Sie werden in Form von Längen-, Radius-, Durchmesser- oder Winkelmaßen angegeben. Dabei können die einzelnen Maße unmittelbar durch Werte oder aber durch Formelausdrücke festgelegt sein.

Geometrische Restriktionen betreffen die Ausrichtung von geometrischen Elementen in der Ebene bzw. im Raum. Dies können sowohl absolute Ausrichtungen sein, wie beispielsweise die Festlegung eines horizontalen Verlaufs, als auch relative Positionierungsrestriktionen zwischen Elementen, wie sie exemplarisch in Abb. 4.5 aufgeführt sind.

Eine andere Klassifizierung von Restriktionen ergibt sich bei der Unterscheidung nach der Art der Relation in:

- Gleichheitsrestriktionen
- Ungleichheitsrestriktionen
- Bedingungsrestriktionen

Gleichheitsrestriktionen sind dabei Beziehungen, die sich in Form einer Gleichung darstellen lassen, wie beispielsweise

Kraft = Fläche · Druck

Fläche = $L_i \cdot L_j$

Ungleichheitsrestriktionen sind Restriktionen, die als Ungleichung definiert sind. Ein Beispiel für eine solche Bedingung ist der Fall, daß der Durchmesser D_i einer speziellen Bohrung kleiner als ein bestimmtes Längenmaß L_j sein muß:

$D_i < L_j$

Schließlich sind *Bedingungsrestriktionen* Beziehungen zwischen Größen einer Konstruktion, die sich als logische Ausdrücke angeben lassen, wie beispielsweise:

wenn $L_i < L_j$ dann $R_k = L_l$

4.2. Topologische Restriktionen

Neben den im vorangegangenen Kapitel beschriebenen expliziten und impliziten Restriktionen bilden topologische Restriktionen eine weitere wichtige Klasse von spezifizierenden Vorgaben. Topologische Restriktionen legen die Struktur fest, welche die geometrischen Elemente miteinander bilden.

Eine grundlegende topologische Restriktion ist die Bedingung, daß zwei geometrische Elemente aneinandergrenzen. Ein Beispiel hierfür ist die Restriktion, daß zwei Linien einen gemeinsamen Endpunkt besitzen (vgl. Abb. 4.6 oben). Wie alle Restriktionen müssen auch topologische Bedingungen bei Veränderungen einer Konstruktion durch neue Maßwerte erhalten bleiben.

4.2. Topologische Restriktionen

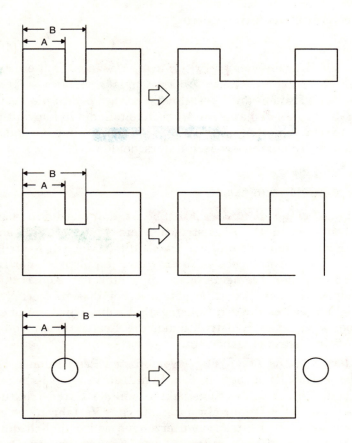

Abb. 4.6: Beispiele für Topologieänderungen in Abhängigkeit von Maßwertänderungen

Weitere topologische Restriktionen betreffen die Struktur von Flächen. In diesem Zusammenhang sei erwähnt, daß auch 2D-CAD-Systeme in der Datenstruktur eine Flächentopologie beinhalten können. Es handelt sich dann um Charakteristika von planaren Flächen. Abb. 4.6 zeigt im mittleren und unteren Teil Beispiele für mögliche Auswirkungen von Maßwertänderungen auf die Flächentopologie, wenn keine entsprechenden topologischen Restriktionen definiert sind.

4.3. Restriktionseditierung

Während die Eingabe von expliziten Restriktionen durch eine Bemassung mittels entsprechender Funktionen für Abstands-, Längen-, Durchmesser-, Radien- und Winkelmaße erfolgt, bedarf die Festlegung impliziter Restriktionen anderer Möglichkeiten, die in konventionellen CAD-Systemen typischerweise nicht vorhanden sind. Grundsätzlich lassen sich zwei Vorgehensweisen unterscheiden:

- manuelle Eingabe
- automatische Erzeugung

Das Problem bei der manuellen Eingabe ist, daß hierdurch gegenüber der konventionellen CAD-Konstruktion ein Mehraufwand entsteht. Zusätzlich zur Geometrie müssen jeweils die passenden Restriktionen mit eingegeben werden. Dies kann entweder jeweils nach der Eingabe eines geometrischen Elements oder am Schluß der Konstruktion en bloc erfolgen. In der Praxis ergibt sich bei diesem Verfahren die Schwierigkeit, daß es für den Konstrukteur sehr schwer zu übersehen ist, ob bei komplexen Konstruktionen die Restriktionen vollständig und widerspruchsfrei eingeben sind.

Eine automatische Erzeugungvon impliziten Restriktionen für eine vorgegebene Geometrie befreit den Benutzer von zusätzlichen Eingaben. Da die Intention des Konstrukteurs in der Datenstruktur nicht gespeichert ist, verbleibt für ein automatisches Verfahren, welches im nachhinein implizite Restriktionen erzeugen soll, lediglich die Generierung von Restriktionen aufgrund von Koordinatenwerten. Dabei wird die Plausibilität der jeweiligen Restriktionen durch den Vergleich von Koordinatenwerten untersucht. So kann beispielsweise aufgrund gleicher y-Koordinaten der beiden Endpunkte einer Linie für diese Linie die Restriktion *horizontal* erzeugt werden.

Eine Gefahr besteht dabei darin, daß einerseits ungewollte Restriktionen erzeugt werden und andererseits gewünschte Restriktionen nicht erkannt werden. Ein Automatismus kann beispielsweise nicht entscheiden, ob zwei Linien zufällig kollinear sind oder ob diese bei allen Produktvarianten kollinear bleiben müssen. Um diese Problematik zu entschärfen, bieten CAD-Systeme, die Restriktionen automatisch durch Koordinatenvergleiche aufbauen, häufig zusätzlich die Möglichkeit, die automatisch erzeugten Restriktionen bei Bedarf vom Konstrukteur ändern zu lassen. Das heißt, daß fälschlicherweise erzeugte Restriktionen löschbar sind und an Stelle gelöschter Restriktionen andere Restriktionen manuell erzeugt werden können.

4.3. Restriktionseditierung

Um nun die jeweiligen Nachteile dieser beiden Erfassungsmöglichkeiten für implizite Restriktionen zu vermeiden, wurde ein Verfahren [Rol94a] entwickelt, das die manuelle Geometrieeingabe und die Erfassung impliziter Restriktionen miteinander verbindet. Das Grundprinzip dieser Vorgehensweise besteht darin, die Intention des Konstrukteurs bezüglich impliziter Restriktionen über die Art der benutzten Geometrieeingabebefehle zu erfassen.

Typische Konstruktionsbefehle, die eine Aussagekraft für bestimmte Restriktionen haben, sind:

LINIE_HORIZONTAL
LINIE_VERTICAL
LINIE_ORTHOGONAL
LINIE_TANGENTIAL_ZU_KREIS
KREIS_TANGENTIAL_ZU_LINIEN
KREIS_KONZENTRISCH

Befehle dieser Art sind auch bei konventionellen CAD-Systemen üblicherweise vorhanden und erzeugen geometrische Elemente, welche die Eigenschaft besitzen, die der entsprechende Konstruktionsbefehl nahelegt. Allerdings wird in konventionellen Systemen die Information, mit welchen Befehlen die Geometrie erzeugt wurde, bzw. die damit verbundene intendierte Restriktion nicht gespeichert. Daher können die so erzeugten Elemente bei Konstruktionsänderungen variieren und sind nicht an die Spezifikation bezüglich der Eingabe gebunden.

Bei der Erfassung von impliziten Restriktionen aus der Befehlssemantik wird nun in der Datenstruktur zu jedem so erzeugten geometrischen Element die mit dem jeweiligen Befehl assoziierte Restriktion mitgespeichert. Dies kann auf einfache Weise dadurch erfolgen, daß zu den jeweiligen geometrischen Elementen als Attribute die zugrundeliegenden Konstruktionsbefehle abgelegt werden. Zur Reduzierung des benötigten Speicherplatzes und zur Steigerung der Effizienz bei der Auswertung dieser Attribute innerhalb der Bildung von Varianten werden sinnvollerweise diese Konstruktionsbefehle nicht als Zeichenkette, sondern in Form eines Binärcodes als Attribute gespeichert.

Allgemein sind für die Manipulation von Restriktionen folgende Anforderungen von Interesse:

1. **Implizite Restriktionen** müssen **einzeln gelöscht werden können.** Dies ist deshalb wichtig, weil es im allgemeinen auch bei sorgfältiger Vorgehensweise dem Konstrukteur nicht möglich ist, von Anfang an die endgültig korrekten Restriktionen zu definieren. Erkenntnisse, die erst im Laufe der weiteren Entwicklungsschritte gewonnen werden, können eine Änderung von bisher definierten Restriktionen notwendig werden lassen. In diesem Sinne müssen alle impliziten Restriktionen auch einzeln manuell für beliebige, bereits definierte, geometrische Elemente vergebbar sein.

2. Für **Maßrestriktionen** gilt, daß die **Wertezuordnung** sowohl **interaktiv** erfolgen können muß als auch durch **Einlesen von entsprechenden, vordefinierten Wertetabellen**. Solche Wertetabellen können manuell erstellt sein, um bestimmte maßliche Varianten einer Konstruktion festzulegen, die eine Teile- bzw. Produktfamilie des Lieferprogramms beschreiben. Häufig ergeben sich auch die speziellen Maßwerte einer Konstruktion aus bestimmten Berechnungsverfahren. In diesen Fällen müssen solche per Programm erzeugten Werte ebenfalls den Maßvariablen zugeordnet werden können. Die Eingabe von Maßwerten muß außerdem sowohl nominal als auch optional mit Toleranzen erfolgen können, zum Beispiel in der Form:

   L1 = 100 ± 0.01

3. Sowohl die **Definition** von **impliziten Restriktionen** als auch die von **Maßrestriktionen** sollte auf einen **bestimmten Konstruktionsbereich eingeschränkt werden können,** im zweidimensionalen Fall auf einen Zeichnungsausschnitt. Der Grund dafür ist, daß sich bestimmte Bereiche einer Konstruktion häufig nicht ändern, bzw. daß sie nicht änderbar sein sollen. Nicht selten bilden solche fixen Bereiche den größten Teil der gesamten Konstruktion.

   In diesen Fällen läßt sich durch die Einschränkung der Restriktionen und der damit verbundenen parametrischen Variierbarkeit auf bestimmte Bereiche der Konstruktion sicherstellen, daß später keine unzulässigen Varianten gebildet werden können. Außerdem wird der Eingabeaufwand reduziert, weil nur für die jeweils relevanten Konstruktionsteile die erforderlichen Restriktionen festzulegen sind.

In diesem Zusammenhang lassen sich **Maßrestriktionen** einteilen in:

- feste Maße
- variable Maße
- flexible Maße

4.3. Restriktionseditierung

Bei *festen Maßen* hat das Maß einen vorgegebenen festen Wert. Feste Maße beziehen sich damit auf nicht veränderbare Größenverhältnisse innerhalb einer Konstruktion. Insbesondere sind sie keine Parameter einer Variantenbeschreibung. Feste Maße legen zwar die Größe bzw. Richtung von geometrischen Elementen fest, jedoch nur relativ zu ihrer Umgebung. Wenn die Umgebung, in die ein festes Maß durch einen Bezugspunkt eingebunden ist, variiert, bewegt sich das größenmäßig festgelegte Element entsprechend mit.

Variable Maße sind Maße, für deren Maßwert eine Variable vom System angelegt wird. Variablennamen sollten dabei vom Benutzer frei vergeben werden oder alternativ vom System mit Default-Bezeichnern generiert werden können. Automatisch erzeugte Variablennamen könnten für Längenmaße beispielsweise L1, L2, L3, ... oder für Radienmaße R1, R2, R3, ... sein.

Konstruktionen können auch Maße enthalten, die weder durch einen festen Wert noch durch einen Parameter bestimmt sind. In diesen Fällen ergibt sich das Maß eines geometrischen Elements durch Punkte, deren Koordinaten bereits anderweitig spezifiziert sind. Solche Maße heißen *flexible Maße*. Ihre Größe ergibt sich zwangsläufig aus der Konstruktion.

Um die Benutzung und Auswirkung von Restriktionen zu erläutern, wird im folgenden ein Beispiel in Form einer einfachen 2D-Zeichnung mit drei orthogonalen Ansichten eines Objektes vorgestellt. Abb. 4.7 zeigt die zu erstellende Konstruktion in einer dreidimensionalen Darstellung, wobei die verdeckten Kanten gestrichelt eingezeichnet sind.

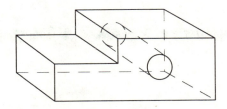

Abb. 4.7: Dreidimensionales Konstruktionsbeispiel

Die Vergabe von expliziten und impliziten Restriktionen könnte für jede Ansicht unabhängig erfolgen. Es ist jedoch auch möglich, über entsprechende implizite Restriktionen die Ansichten derart miteinander zu verknüpfen, daß sich bei der Änderung eines beliebigen Maßwerts in einer der Ansichten alle konstruierten Ansichten automatisch anpassen. In diesem Fall kann die Bemaßung dieses Objekts verteilt auf die verschiedenen Ansichten erfolgen.

Abb. 4.8 zeigt ein mögliches Maßschema und dazu passende implizite Restriktionen, welche die Abhängigkeiten der Ansichten untereinander spezifizieren. Rechte Winkel sind dabei wie üblich durch einen Viertelkreis mit innenliegendem Punkt gekennzeichnet. Für kollineare Punkte und Punkte, die auf einem gemeinsamen Kreis liegen, sind die entsprechenden Restriktionen in Form von gestrichelten Linien dargestellt.

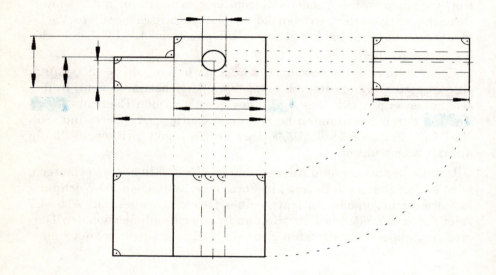

Abb. 4.8: Restriktionen für Seitenansichten

4.4. Restriktionsanzeige

Während in dem einfachen Beispiel von Abb. 4.8 die impliziten Restriktionen noch behelfsmäßig mittels gestrichelter Linien und den üblichen Symbolen für rechte Winkel dargestellt werden konnten, erfordert eine anwendungsfreundliche Kennzeichnung von Restriktionen in umfangreicheren Konstruktionen weitergehende Maßnahmen.

4.4. Restriktionsanzeige

Wichtige Anforderungen an die Visualisierung von impliziten Restriktionen sind:

1. eine übersichtliche Darstellung, die auch bei umfangreicheren Zeichnungen nicht in einem Linienwirrwarr endet,
2. eine leicht interpretierbare, d.h. aussagekräftige Repräsentation,
3. die Möglichkeit der wahlweisen Ein- und Ausblendung der Restriktionsanzeige, um die Repräsentation der Konstruktion auf dem Bildschirm nicht unnötig zu überladen.

Eine Möglichkeit, um diesen Anforderungen weitgehendst gerecht zu werden, ist die Benutzung von einprägsamen Sinnbildern bzw. Piktogrammen (englisch icons) für implizite Restriktionen [Rol89a]. Solche Restriktionspiktogramme können als Anzeigehilfsmittel über entsprechende Hinweislinien an die betreffenden geometrischen Elemente geheftet werden. Abb. 4.9 zeigt Beispiele für die Ausbildung von Piktogrammen für einige häufig vorkommende Restriktionen.

Piktogramm	Bedeutung
	horizontale Linie
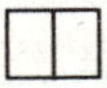	vertikale Linie
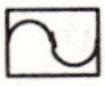	flexible Linie
	Fase
	Verrundungsradius
	Linie tangential zu 2 Kreisen
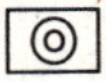	konzentrischer Kreis

Abb. 4.9: Piktogramme als Restriktionsfeedback

Für Restriktionen, die sich lediglich auf ein geometrisches Element beziehen, läßt sich mit dieser Methode die Restriktionsinformation vollständig darstellen. Für implizite Restriktionen jedoch, die Beziehungen zwischen verschiedenen geometrischen Elementen charakterisieren, müßten die Restriktionssymbole mit entsprechend mehreren Hinweislinien ausgestattet sein. Um zu vermeiden, daß dies aufgrund der Vielzahl der Linien schnell zu einer relativ unübersichtlichen Darstellung führt, empfiehlt sich eine mehrstufige Restriktionsanzeige.

Eine Implementierungsmöglichkeit für dieses Vorgehen besteht darin, in einer ersten Anzeigestufe zunächst Restriktionssymbole möglichst nahe an allen mit impliziten Restriktionen behafteten geometrischen Elementen mit einer kurzen Hinweislinie anzuzeigen. Dies ermöglicht es, dem Benutzer einen übersichtlichen Gesamteindruck der Restriktionen innerhalb seiner Konstruktion zu geben. Zur vollständigen Angabe der Restriktionsinformation könnte in einer zweiten, tiefergehenden Feedbackstufe für vom Benutzer speziell selektierte Restriktionen eine Einblendung der weitergehenden Beschreibung erfolgen. Diese Einblendung könnte entweder ein kleines Informationsfenster sein oder unmittelbar als umfassendere graphische Darstellung in die Konstruktion eingeblendet werden.

Da das Festlegen eines Bemaßungsschemas für eine Konstruktion häufig erst nach der Geometrieerstellung erfolgt, ließen sich nach dem oben beschriebenen Prinzip der Restriktionsanzeige nur implizite Restriktionen während der Geometrieeingabephase darstellen. Für geometrische Elemente, die Maßrestriktionen unterliegen, läßt sich die Restriktionsanzeige auf naheliegende Weise dadurch ergänzen, daß, analog zu den Restriktionsikonen für implizite Restriktionen, eine prägnante Symbolik für Maßrestriktionen gewählt wird. Selbstverständlich erfordert dies, daß der Konstrukteur die entsprechende Maßinformation in das System eingegeben hat, auch dann, wenn die endgültige Detaillierung bzw. normgerechte Vermaßung der Zeichnung noch nicht erfolgt ist.

Abb. 4.10 zeigt ein Beispiel für eine solche Restriktionsanzeige, bei der Restriktionspiktogramme, sowie Maßrestriktionsbezeichner als Feedbackmedium verwendet wurden. Die Variablen L1, L2, L3 usw. stehen dabei für Längen- bzw. Abstandsmaße, während mit R beginnende Bezeichner für Radiusrestriktionen und mit W beginnende Bezeichner Winkelrestriktionen kennzeichnen.

4.4. Restriktionsanzeige

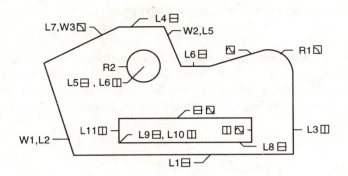

Abb. 4.10: Beispiel für Restriktionsanzeige

Alternativ oder zusätzlich ist eine Anzeige des entgegengesetzten Sachverhalts sinnvoll, nämlich ein Feedback bezüglich der noch offenen Freiheitsgrade. Dies kann insbesondere dann sinnvoll sein, wenn der größere Teil von gewünschten Restriktionen bereits definiert ist. Für den Konstrukteur ist es dann wichtig zu erkennen, welche Teile der Konstruktion noch nicht hinreichend festgelegt sind. Abbildung 4.11 zeigt eine Möglichkeit zur Gestaltung einer solchen Anzeige.

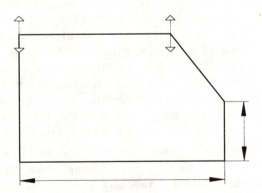

Abb. 4.11: Beispiel für Anzeige von Freiheitsgraden

4.5. Allgemeines Verfahrensprinzip

Obwohl im Laufe der Jahre für die Beschreibung von parametrischen Varianten eine Vielzahl von speziellen technologischen Ansätzen entwickelt wurden, läßt sich die generelle Vorgehensweise, die bei diesen Verfahren zugrunde liegt, wie folgt charakterisieren (vgl. Abb. 4.12).

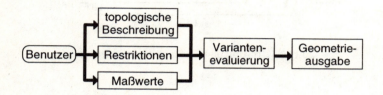

Abb. 4.12: Stufen der parametrischen Modellierung von Varianten

Zur Erstellung des Grundmodells, aus dem später Varianten durch Parameteränderungen erzeugt werden sollen, gibt der Benutzer das geometrische Modell samt seiner topologischen Beschreibung ein, das heißt mit den Nachbarschafts- bzw. Zusammenhangseigenschaften von geometrischen Elementen. Unterstützt durch einen Automatismus und/oder manuell durch den Benutzer erfolgt die Festlegung von impliziten Restriktionen in einer Datenstruktur. Zusätzlich werden vom Benutzer die expliziten Restriktionen durch ein Vermaßungsschema eingegeben. Dieses Vermaßungsschema kann sowohl aus festen Maßen bestehen als auch aus Maßen, deren Werte in einer Variablen gespeichert sind. Als weitere Eingabe erfolgt vom Benutzer die Angabe der Werte für die variablen Maße, die das Grundmuster der Ausprägung der parametrischen Konstruktion festlegen.

Aus diesen Benutzereingaben, die sich in der Datenstruktur als parametrisches Konstruktionsmodell widerspiegeln, wird nun mittels eines Variantenevaluierungsverfahrens die Ausprägung des Modells bestimmt, das heißt der Modellvariante, die den eingegebenen Parameterwerten entspricht.

Im letzten Verfahrensschritt erfolgt die Ausgabe des berechneten Modells bzw. der entsprechenden konkreten Zeichnung.

Wenn dieser Prozeß einmal durchlaufen ist, gibt der Benutzer zur Konstruktion einer Varianten der geometrischen Grundkonstruktion lediglich neue Parameterwerte ein. Dabei können sich für eine kon-

4.5. Allgemeines Verfahrensprinzip

krete Variante alle oder auch nur einige Parameterwerte ändern. Die Variantenevaluierung, die dann keine weitere Benutzereingaben mehr erfordert, führt schließlich unmittelbar zur Ausgabe der berechneten Varianten. Alle auf diese Weise konstruierten Varianten können als konkrete Ausprägungen gespeichert werden oder aber auch nur in Form ihres Parameterwertesatzes in Verbindung mit dem parametrischen Grundmodell. Im letzteren Fall wird beim Laden einer Varianten die Variantenevaluierung vom System durchgeführt. Während sich dadurch unter Umständen eine erhebliche Speicherplatzreduzierung ergibt, benötigt die Wiedergewinnung, im englischen auch *Retrieval* genannt, deutlich mehr Rechenleistung.

Neben den unterschiedlichen Ansätzen zur Handhabung von Restriktionen unterscheiden sich die verschiedenen parametrischen CAD-Systeme auch deutlich in der Art ihrer Variantenevaluierung. Die verschiedenen Verfahren lassen sich dabei in folgende Klassen einteilen:

1. *Programmierung von Varianten*

    Bei diesem Verfahren erfolgt die Beschreibung des parametrischen Modells typischerweise in einer Makrosprache oder einer höheren Graphiksprache. Die einzelnen Anweisungen werden dabei entweder über einen Editor manuell eingegeben oder halbautomatisch aus einer Journaldatei erzeugt, die das System bei der interaktiven Eingabe der Grundkonstruktion erzeugt. Die Variantenevaluierung erfolgt dann lediglich durch ein Ablaufen des Variantenprogramms mit den jeweiligen Programmparametern.

2. *Direkte Variantenberechnung*

    Aus der gespeicherten Beschreibung des parametrischen Modells und des jeweils vorliegenden aktuellen Parameterwertesatzes erfolgt die Variantenevaluierung, indem aus den gegebenen Daten Schritt für Schritt die jeweiligen Punktkoordinaten der Ausprägung bestimmt werden.

3. *Iterative Variantenberechnung*

    Es werden dabei alle Restriktionen als Gleichungen interpretiert. Mit einem numerischen Verfahren wird dann iterativ die Variante durch Lösen des zugehörigen Gleichungssystems berechnet.

4. *Regelbasierte Ansätze*

    Die Bestimmung einer Variante erfolgt hier im wesentlichen sequentiell, wobei die Berechnungsreihenfolge nicht implizit vorprogrammiert ist. Vielmehr werden Regeln gespeichert, die angeben, unter welchen möglichen Bedingungen ein jeweils weiteres geometrisches Element der Konstruktion berechnet werden kann. Ein Inferenzmechanismus bestimmt dann unter Anwendung des entsprechenden Regelsatzes die Ausprägung der Varianten.

5. *Generative Verfahren*

Dieses Verfahren setzt voraus, daß bereits bei der Modellerstellung die Reihenfolge der Eingabeschritte mitgespeichert wurde. Die Variantenevaluierung erfolgt dann durch einen neuen Ablauf der gespeicherten Entstehungssequenz, wobei in den jeweils entsprechenden Rekonstruktionsschritten die aktuellen Parameterwerte eingesetzt werden.

Das nächste Hauptkapitel ist der Vorstellung dieser verschiedenen Systemansätze im Detail und ihrer Haupteigenschaften gewidmet. Generell stellen sich die Anforderungen an Systeme zur parametrischen Modellierung vielschichtig dar und betreffen folgende Bereiche:

1. *Die Benutzungsschnittstelle*

Der Modellierungsansatz soll intuitiv sein, kein besonderes Spezialwissen voraussetzen und keine lange Einarbeitungs- bzw. Trainingszeit benötigen. Außerdem müssen leistungsfähige Visualisierungsmethoden für die Verfolgung des Aufbaus des parametrischen Modells vorhanden sein. Dies betrifft insbesondere das visuelle Feedback bezüglich impliziter Restriktionen. Die Eingabe von Restriktionen soll zur Vermeidung von manuellem Zusatzaufwand vom System automatisch oder halbautomatisch unterstützt werden.

2. *Eine breitbandige Abdeckung von Aufgabenstellungen*

Alle vollspezifizierten Modelle sollten sich durch Veränderung ihrer Parameter variieren lassen. Während diese Aussage zunächst trivial erscheint, haben praktische Implementierungen hier nicht selten erhebliche Einschränkungen, zum Beispiel dann, wenn Restriktionen zyklisch voneinander abhängen.

Weiterhin ergeben sich im allgemeinen für parametrische Modelle zu bestimmten Parameterwerten mehrere mögliche Lösungen für eine zugehörige Ausprägung. In diesem Zusammenhang sollte von einem System die Bestimmung aller möglichen Lösungen unterstützt werden.

Um auch bestehende Konstruktionen noch im nachhinein zu parametrisieren, ist es wünschenswert, daß ein Verfahren unabhängig von der Reihenfolge der Konstruktionseingabe arbeiten kann. Eventuell ist dazu eine automatische Bestimmung einer möglichen

Konstruktionsreihenfolge sinnvoll. Neben Maßvarianten sollten auch Strukturvarianten möglich sein. Wobei sich Strukturvarianten sowohl auf eine variable Anzahl von vorkommenden geometrischen Mustern beziehen können als auch auf grundsätzlich verschiedene Teillösungen.

3. *Geforderte Genauigkeit und akzeptabler Aufwand*

Die Lösung, das heißt die Evaluierung einer Variante soll unabhängig von der Dimensionierung des Basismodells sein. Das bedeutet, daß keine speziellen Einschränkungen bei der Bemaßung eines Modells eingehalten werden müssen, damit eine Evaluierung durchgeführt werden kann.

Die aus der Variantenbestimmung resultierende Geometrie muß mit einer Genauigkeit erfolgen, die auch bei der expliziten Konstruktion einer Varianten unterstützt ist. Dies ist im allgemeinen nicht nur eine Frage der benötigten Rechenzeit, sondern auch der systematischen Fehler der verwendeten Algorithmen. Kritisch ist auch die benötigte Rechenzeit für die Evaluierung einer Variante im Hinblick auf ein Systemantwortverhalten, das eine ergonomische interaktive Bedienung zuläßt.

5. Methoden zur Evaluierung parametrischer Modelle

Die einzelnen Methoden, die für parametrische Modellierung entwickelt wurden, decken in verschiedenem Umfang die Anforderungen für spezielle praktische Aufgabenstellungen ab. Es ist daher auch für den Anwender wichtig, ein Grundverständnis für die unterschiedlichen parametrischen Modellansätze zu entwickeln und ihre Haupteigenschaften kennenzulernen. Nur damit ist eine sinnvolle Entscheidung möglich, welche Methoden sich für vorgegebene Problemstellungen am besten eignen.

In diesem Kapitel werden zunächst bekannte Verfahrensklassen mit ihren Grundkonzepten und Vorgehensweisen beschrieben. Anschließend werden Problemstellungen und Lösungsansätze für unterbestimmte und überbestimmte Konstruktionen vorgestellt. Den Abschluß des Kapitels bilden einige zusammenfassende Bemerkungen zu den beschriebenen Verfahrensklassen.

5.1. Variantenprogrammierung

Das Grundprinzip dieses Ansatzes zur parametrischen Modellierung ist die Beschreibung des Konstruktionsmodells in Programmform. Die Konstruktion solcher Variantenprogramme erfolgt dabei so, daß die Modellparameter entweder beim Aufruf des Variantenprogramms als aktuelle Ausführungsparameter mit übergeben werden, oder dadurch, daß das Variantenprogamm in Dialogform mit dem Benutzer die Parametereingabe handhabt.

Die Variantenprogrammierung ist mit den meisten kommerziellen CAD-Systemen bereits im Standardsystem, das heißt ohne speziell zu erwerbende Zusatzmodule, möglich. Außerdem handelt es sich hierbei um das einzige parametrische Modellierverfahren, für das derzeit ein standardisiertes Format existiert, welches den Datenaustausch zwischen verschiedenen Systemen ermöglicht, ohne daß dabei die parametrische Beschreibung verloren geht [Hor92]. Als DIN-Standard ist beispielsweise die vom Verband der Deutschen Automobilindustrie entwickelte VDA-PS-Schnittstelle definiert. Sie wurde in erster Linie zum systemneutralen Austausch von parametrisierten Normteilbibliotheken geschaffen.

Zur Variantenprogrammierung kommen zunächst allgemeine Programmiersprachen wie FORTRAN, LISP und C in Betracht. FORTRAN liegt beispielsweise der VDA-PS-Norm zugrunde, LISP ist unter anderem als Sprachschnittstelle für AutoCAD verfügbar und C ist bei vielen UNIX-basierten CAD-Systemen als Programmierschnittstelle verbreitet.

Neben allgemeinen höheren Programmiersprachen eignen sich zur Variantenprogrammierung spezielle CAD- bzw. Makrosprachen, die für verschiedene CAD-Systeme entwickelt wurden. Beispiele hierfür sind:

- GII für CATIA
- GRIP für United Graphics
- Macro Language für HP-ME10

Während einfachere CAD-Makrosprachen lediglich zur Programmierung ständig wiederkehrender Befehlssequenzen dienen, sind für die Anwendbarkeit zur Variantenprogrammierung eine Reihe von weitergehenden Anforderungen zu stellen:

- *Verschachtelung von Makros*

  Da in verschiedenen Variantenfamilien zum Teil gleiche Detailkonstruktionen vorkommen können, ist es wünschenswert, daß das Konzept von Makros in Makros unterstützt wird. Das bedeutet, innerhalb eines Makros müssen andere Makros aufrufbar sein. Ein besonders weitgehendes Konzept läßt eine rekursive Anwendung von Makros zu. Das heißt, solche Makros können sich sogar selbst aufrufen.

- *Lokale und globale Makros*

  Bei der Ausnutzung der Variantenprogrammierung entsteht im Laufe der Zeit eine Vielzahl von Programmen. Daher ist es wünschenswert, daß zwischen lokal gültigen und global bekannten Makros unterschieden werden kann. Auf diese Weise läßt sich das

Problem vermeiden, daß eine Bezeichnungskollision mit Makros aus anderem Kontext entsteht.

- *Zugriff auf Geometrieelemente*
Zur Programmierung der Geometrie von Varianten ist es wichtig, daß von der Makrosprache aus Geometrieelemente in der Datenstruktur angesprochen werden können. Insbesondere sollten Abfragen möglich sein, um festzustellen, ob ein bestimmtes Element existiert.

- *Zugriff auf Einstellparameter*
Zur Steuerung des Ablaufverhaltens eines Makroprogramms müssen aktuelle Systemeinstellungen vom Makro aus lesbar und veränderbar sein. Ein Variantenprogramm sollte so geschrieben werden können, daß es nach seiner Beendigung dafür sorgt, daß die ursprünglichen Systemeinstellungen wiederhergestellt sind.

- *Kontrollstrukturen*
Bei der Programmierung von Konstruktionsvarianten handelt es sich im Normalfall nicht um die Festlegung einer linearen Folge von Konstruktionsbefehlen. Vielmehr sind Kontrollstrukturen notwendig, die Verzweigungen und Schleifen in Makroprogrammen zulassen. Beispiele für entsprechende Schlüsselwörter sind: LOOP, END_LOOP, REPEAT_UNTIL, WHILE, END_WHILE, IF, END_IF.

- *Speicherung im ASCII- und Binärformat*
Damit Variantenprogramme auch unabhängig von der Verfügbarkeit eines CAD-Systems geschrieben werden können, ist die Unterstützung der Speichermöglichkeit im ASCII-Format zweckmäßig. Zusätzlich sollte jedoch die Möglichkeit bestehen, Variantenprogramme im Binärformat abzulegen.

Damit kann einerseits das Know-how, das in einem Variantenprogramm steckt, geschützt werden. Andererseits läßt sich bei der Speicherung in Binärform ein schnellerer Ablauf von Variantenprogrammen erreichen, indem die einzelnen Programmzeilen vorübersetzt abgelegt werden. Dies kann beispielsweise dadurch erfolgen, daß für Makrobefehle ein entsprechender Binärschlüssel abgelegt wird. Ein vollständiges Interpretieren der Programmzeilen, insbesondere die lexikalische Analyse, wird damit vermieden.

- *Schrittweise Ablaufverfolgung*
Für komplexe Variantenkonstruktionen bestehen die zugehörigen Variantenprogramme oft aus vielen Hunderten, zum Teil sogar aus

Tausenden von Makroanweisungen. Um Programmierfehler leicht zu finden, muß eine Möglichkeit zum Tracing, das heißt zum schrittweisen Durchlaufen eines Makroprogramms vorhanden sein. Auf diese Weise läßt sich feststellen, in welcher Zeile ein Makroprogramm vom gewünschten Verhalten abweicht.

- *Möglichkeit zur Fehlerbehandlung*

  Bei der Ausführung von Variantenprogrammen können zur Laufzeit Fehler unter anderem dadurch entstehen, daß der Benutzer falsche Eingaben getätigt hat, oder dadurch, daß für bestimmte Eingabedaten ein inkonsistentes Modell aufgebaut wird. Damit solche Fehler beim Ablauf eines Makroprogramms nicht unmittelbar zum Programmende führen, ist die Unterstützung durch eine Fehlerfunktion, in gängigen Programmiersprachen häufig durch Schlüsselworte wie ON_ERROR oder ähnlich bezeichnet, eine wichtige Anforderung.

- *Einbindung externer Programme*

  In der Praxis liegen zum Teil für bestimmte Aufgabenstellungen bereits Computerprogramme vor. Ein Ziel ist es, solche Programme innerhalb von Makros mitzubenutzen, um ein erneutes Programmieren zu vermeiden. Damit lassen sich einerseits Kosten einsparen und andererseits Fehlerquellen vermeiden, die eine Neuprogrammierung mit sich bringen würde. Außerdem lassen sich spezielle Problemstellungen häufig in einer bestimmten höheren Programmiersprache eleganter lösen, als in einem CAD-Makroprogramm. Aus diesem Grunde sollte die Möglichkeit vorgesehen sein, externe Programme in ein Makro miteinzubinden.

- *Schreiben und Lesen von Dateien*

  In Variantenmakros sollten Benutzereingaben, speziell Parameterwerte, nicht nur interaktiv möglich sein, sondern auch in Form von vorgefertigten Dateien übergeben werden können. Außerdem ist es zweckmäßig, wenn innerhalb eines Makros Dateien geschrieben werden können, um beispielsweise Daten zu erzeugen, die an externe Berechnungs- oder Entscheidungsprogramme übergeben werden können.

Im folgenden wird als einfaches Beispiel für ein Variantenprogramm die Aufgabe betrachtet, eine Paßfedernut bzw. ein Langloch mit einer beliebigen Weite W als parametrisches Modell zu programmieren. Abb. 5.1 enthält die zugehörige Zeichnung zu dieser Aufgabe.

5.1. Variantenprogrammierung

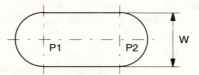

Abb. 5.1: Paßfedernut mit Weite als Parameter

Das Variantenprogramm soll eine Sequenz von Paßfedernuten erzeugen und dabei jeweils die Weite W vom Benutzer erfragen. Der Drehwinkel und die Länge der einzelnen Nuten sollen dadurch bestimmt sein, daß der Benutzer jeweils aufgefordert wird, die beiden Mittelpunkte für die Ausrundungen der Nut einzugeben. Für die Makrosprache von HP-ME10 [HePa89] läßt sich ein entsprechendes Variantenprogramm folgendermaßen angeben:

```
DEFINE Nut
    LOCAL W
    LOCAL P1
    LOCAL P2
    LOCAL V
    READ NUMBER 'Bitte Nutbreite eingeben' W
    LOOP
        FOLLOW OFF
        COLOR WHITE
        LINETYPE SOLID
        READ PNT 'Ersten Mittelpunkt eingeben' P1
        READ PNT 'Zweiten Mittelpunkt eingeben' P2
        LET V (NORMAL (P2 - P1) * (W / 2) )
        ARC CEN_BEG_END P1 (P1 + V) (P1 - V)
        ARC CEN_BEG_END P2 (P2 - V) (P2 + V)
        LINE POLYGON (P1 - V) (P2 - V)
        LINE POLYGON (P1 + V) (P2 + V)
        LET V (V * 1.2)
        COLOR YELLOW
        LINETYPE DOT_CENTER
        LINE POLYGON (P1 - V) (P1 + V)
        LINE POLYGON (P2 - V) (P2 + V)
        LET V (ROT V90)
        LINE POLYGON (P1 + V) (P2 - V)
    END_LOOP
END_DEFINE
```

Die erste Programmzeile definiert dabei mit dem Bezeichner Nut den Namen des Makros, mit dem es später aufgerufen werden kann. In den sich anschließenden vier Anweisungen werden lokale Variable vereinbart, wobei P1, P2 und V vektorielle Größen sind, die zur Aufnahme der Koordinaten von beiden Kreisbogenmittelpunkten bzw. zur Darstellung einer Hilfsvariablen dienen. Nach einer Anweisung für die Eingabe der Weite W und dem Eingabeaufforderungstext "Bitte Nutbreite eingeben" folgt eine Schleife, die mit LOOP eingeleitet wird und mit END_LOOP endet.

Innerhalb dieser Schleife erfolgen zunächst Anweisungen, die das Mitlaufen eines elektronischen Lineals abschalten, die Linienfarbe auf weiß stellen und den Linientyp als Vollinie einstellen. Anschließend werden die Koordinaten der beiden Punkte P1 und P2 vom Benutzer erfragt. Im nächsten Schritt wird ein Vektor mit dem Bezeichner V bestimmt, dessen Länge und Richtung durch die Strecke von einem der Punkte P1 bzw. P2 zu einem dazugehörigen Endpunkt des Halbkreises gegeben ist. Damit sind genügend Größen bekannt, um die beiden Kreisbögen sowie die Verbindungsgeraden zwischen den beiden Kreisbögen zu erzeugen.

Als nächstes werden die Symmetrielinien konstruiert. Die über die Kreisbögen hinausragenden Symmetrielinienstücke werden dabei so bemessen, daß sie 20% des Radiusdurchmessers betragen. Die Linienfarbe wird dazu auf "YELLOW" gestellt und der Linientyp auf die Strichpunkt-Einstellung. Bei der Ausgabe auf einem Stiftplotter entsprechen die Linienfarben bestimmten Strichdicken. Mit den nachfolgenden Anweisungen vor dem Schleifenende werden zuerst die beiden kürzeren Symmetrielinien, dann die dazu senkrecht stehende längere Symmetrielinie gezeichnet.

Die Schleife wird dadurch beendet, daß der Benutzer bei der Aufforderung zur Mittelpunkteingabe keinen Punkt, sondern irgend einen Befehl, zum Beispiel END, eingibt. Dies hat den Abbruch des Makros und die Ausführung des neuen Befehls zur Folge, wobei durch die Konstruktion der Schleife Linienfarbe und Linientyp auf weiß, bzw. Vollinie stehen.

Es ist zu bemerken, daß dieses Makro zwar formal die Anforderungen an das eingangs gestellte Variantenprogramm erfüllt, jedoch in der Praxis sinnvollerweise einige weitere Aspekte betrachtet werden sollten. So wäre es unter Umständen sinnvoll, zu Beginn des Makros die aktuell eingestellte Farbe und den Linientyp durch Abfrage der Systemparameter zu ermitteln und in entsprechenden Variablen temporär, das heißt für die Zeit der Makroausführung, zwischenzuspeichern bzw. zu retten.

Außerdem könnten Maßnahmen für den Fall vorgesehen werden, daß der Benutzer für die Weite W oder die Punkte P1 und P2 ungültige Werte eingibt. Schließlich könnte sichergestellt werden, daß alle Systemeinstellungen, die vor dem Eintritt in das Variantenmakro aktuell waren, wieder restauriert werden.

Dieses einfache Variantenprogrammbeispiel sollte dazu dienen, um aufzuzeigen, welche Anforderungen bei der Variantenprogrammierung an den Anwender gestellt werden und eine Abschätzungsmöglichkeit bieten für die Komplexität bzw. Größe solcher Programme, die in der Praxis im allgemeinen für deutlich umfangreichere Konstruktionen zu erarbeiten sind.

Im folgenden werden Methoden zur interaktiven Variantenkonstruktion erläutert, die weniger Anforderungen an den Systemanwender stellen, dafür jedoch einen höheren Entwicklungsgrad der Systemsoftware erfordern.

5.2. Sequentielle Rekonstruktion

Das Verfahren der sequentiellen Rekonstruktion zur Variantenbildung beruht darauf, daß eine Grundkonstruktion vorliegt, für die außer der konventionellen Geometrie samt Bemaßung auch die entsprechenden impliziten Restriktionen sowie Variablen für parametrische Maße gespeichert sind. Zur Erstellung können dabei unterstützende Techniken, wie in Kapitel 4 ausgeführt, zum Einsatz kommen.

Die Evaluierung einer Variante für einen neuen Satz von vorgegebenen Parameterwerten erfolgt dadurch, daß nach einem bestimmten Lösungsprinzip der Reihe nach die einzelnen Punkte der Konstruktion bestimmt werden. Unter Zugrundelegung einer assoziativen Datenstruktur, wie in Kapitel 2 beschrieben, ist nach der Bestimmung der einzelnen neuen Punktkoordinaten der Konstruktion sowohl die Ausprägung des geometrischen Modells als auch der neue Aufbau der jeweiligen technischen Zeichnung bestimmt. Die grundsätzliche Vorgehensweise bei der Evaluierung besteht aus folgenden drei Schritten:

1. Wahl eines Startpunktes zur Berechnung
2. Sukzessive Prüfung der weiteren Punkte auf Bestimmbarkeit
3. Auswertung für den jeweils nächsten bestimmbaren Punkt

Zunächst stellt sich die Frage nach einem geeigneten Startpunkt für die Berechnung. Sofern kein geometrischer Punkt bezüglich seiner Koordinaten vom Benutzer explizit definiert wurde, bietet sich als Startpunkt der erste eingegebene Punkt beim Beginn der Konstruktion an. Nachdem der Benutzer über diesen Punkt seine Konstruktion aufgebaut hat, erscheint es als gewissermaßen natürlich, daß auch mit geänderten Maßwerten die Konstruktion im nachhinein ausgehend von diesem Punkt berechnet werden kann.

Die Nutzungsmöglichkeit des ersten Punktes zum Start des Verfahrens setzt jedoch voraus, daß in der Datenstruktur der erste eingegebene Punkt auch identifizierbar ist, zum Beispiel durch die Koordinaten (0,0). Prinzipiell kann der Evaluierungsalgorithmus mit jedem beliebigen Punkt beginnen und dessen Koordinaten festlegen. Es ist jedoch zu bemerken, daß nicht von jedem Punkt aus die Sequenz der weiteren festgelegten Punkte gleich schnell oder überhaupt bestimmt werden kann.

Die Evaluierung der restlichen Punkte erfolgt nun dadurch, daß der Reihe nach für alle gespeicherten Punkte überprüft wird, ob der jeweils betrachtete Punkt aufgrund von bereits bekannten Punkten und geeigneten Restriktionen, das heißt Maßangaben und implizite Restriktionen, bestimmt werden kann. Wenn dies für einen zu bestimmenden Punkt zutrifft, werden seine Koordinaten berechnet und das Verfahren mit der Bestimmung eines möglichen nächsten zu berechnenden Punktes fortgesetzt. Dies erfolgt so lange, bis alle Punkte der Konstruktion bestimmt sind.

Abbildung 5.2 zeigt in vereinfachter Form den Berechnungsalgorithmus als Flußdiagramm. Li bezeichnet dabei eine Linie in der Datenstruktur und Kj einen Kreis bzw. einen Kreisbogen. Wie zu ersehen ist, muß für solche Fälle, in denen ein zu berechnender Punkt Pn nicht unmittelbar aufgrund passender Restriktionen bestimmt werden kann, eine Reihe von speziellen Betrachtungen von bekannten Punkten durchgeführt werden. Im Flußdiagramm ist exemplarisch der Fall behandelt, in dem ein solcher Punkt sich als Tangentialpunkt einer Linie mit bekanntem Anfangspunkt an einen Kreis, dessen Mittelpunkt bekannt ist, bestimmen läßt.

5.2. Sequentielle Rekonstruktion

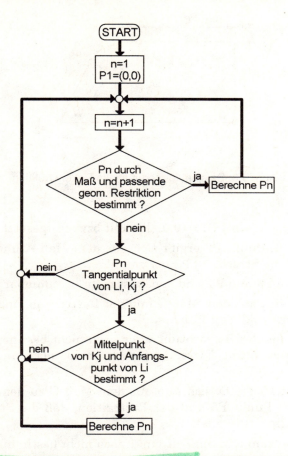

Abb. 5.2: Beispiel für Berechnungsalgorithmus (vereinfacht, unvollständig)

Die Evaluierung einer Varianten soll nun auch für dieses Verfahren anhand eines Beispiels erläutert werden. Abb. 5.3 zeigt die dazugehörige Konstruktion, wobei zum Zweck der Erläuterung des Evaluationsablaufs die Punkte der Konstruktion mit P1 bis P5 durchnumeriert sind. Diese Punktesequenz muß nicht notwendigerweise diejenige sein, welche der Reihenfolge beim Eingeben der Grundkonstruktion entspricht. Die Evaluierung erfolgt nun in folgenden Schritten:

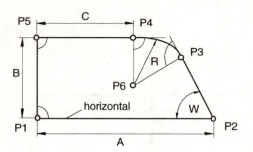

Abb. 5.3: Beispiel für sequentielle Rekonstruktion

1. Als Startpunkt wird P1 = (0,0) gewählt bzw. festgesetzt.
2. Der nächste Punkt P2 ergibt sich aus dem Maß A und der Bedingung, daß die Strecke $\overline{P1\,P2}$ horizontal ist.
3. Die Punkte P3 und P4 sind zunächst nicht bestimmbar.
4. P5 ergibt sich aus dem Maß B und der Restriktion, daß die Strecke $\overline{P1\,P5}$ rechtwinklig zu $\overline{P1\,P2}$ ist.
5. Damit ist bei der Betrachtung aller noch nicht bestimmten Punkte bei P3 fortzusetzen. Dieser ist jedoch immer noch nicht bestimmbar.
6. Der Punkt P4 ergibt sich nun aus dem Maß C zu dem inzwischen bekanntem Punkt $\overline{P5}$ und der Restriktion, daß die Strecke $\overline{P4\,P5}$ rechtwinklig zu $\overline{P1\,P5}$ ist.
7. P3 ist auch zum jetzigen Zeitpunkt noch nicht bestimmbar.
8. Der nächste zu betrachtende Punkt ist der Kreisbogenmittelpunkt P6. Er ergibt sich aus dem Radius R, das heißt dem Abstand zum bekannten Punkt P4 und der Tangentialbedingung, daß die Strecke $\overline{P4\,P5}$ rechtwinklig zu $\overline{P4\,P6}$ steht.
9. Nun kann schließlich P3 als Tangentialpunkt einer vom bekannten Punkt P2 zum Kreisbogen mit dem Mittelpunkt P6 und dem Radius R verlaufenden Strecke bestimmt werden.

Falls nach n bereits bestimmten Punkten eine Konstellation eintritt, bei der noch weitere Punkte unbestimmt sind, aber keiner von ihnen sich unmittelbar aus den bekannten Punkten und den gespeicherten Restriktionen berechnen läßt, muß die gesamte Prozedur unter Wahl eines neuen Startpunktes nochmals durchlaufen werden, bis schließlich entweder alle Punkte bestimmt sind oder das Verfahren mit einer Fehlermeldung terminiert.

Die Leistungsfähigkeit eines CAD-Systems, das parametrische Modellberechnungen nach diesem Verfahren unterstützt, hängt stark davon ab, wie vollständig in der entsprechenden Software die möglichen Fälle vorgesehen sind, in denen Punktkoordinaten aus Maßen, Restriktionen und spezifizierten Punkten berechnet werden können. Neben der direkten Modellierung der Geometrie von technischen Objekten unterstützen CAD-Systeme zumeist auch den Aufbau von Konstruktionen mittels sogenannter Hilfsgeometrien.

Unter Hilfsgeometrie, zum Teil auch Konstruktionsgeometrie genannt, versteht man Linien ohne logische Begrenzung. Auf dem Bildschirm erfolgt eine Begrenzung lediglich durch das Darstellungsfenster. Analog zu geraden Linien werden Hilfskreise betrachtet, bei denen Kreisbögen zunächst als Konstruktionshilfe in Form von Vollkreisen benutzt werden. Unter Nutzung von Hilfsgeometrieelementen kann eine Objektgeometrie dadurch gewonnen werden, daß Elemente aus der Hilfskonstruktion abschnittsweise, das heißt zwischen Schnittpunkten von Hilfsgeometrie und gegebenenfalls auch Geometrielinien, als geometrische Elemente indentifiziert werden. Das beschriebene Verfahren der sequentiellen Rekonstruktion läßt sich in naheliegender Weise auf die Einbeziehung von Hilfsgeometrie erweitern.

5.3. Simultane Lösung von Restriktionsgleichungen

Bei der Erörterung des Verfahrens der sequentiellen Rekonstruktion wurde klar, daß die Reihenfolge bei der Berechnung ein Problem darstellt und die Lösungsfindung wesentlich mit beeinflußt. Eine andere Vorgehensweise beruht nun darauf, daß die Koordinaten aller unbekannten Punkte simultan berechnet werden [Lig79, LiGo82]. Dazu werden die kartesischen Koordinaten der Punkte als Unbekannte betrachtet und mit Variablen bezeichnet (vgl. Abb. 5.4). Diese Koordinatenvariablen bilden zusammengefaßt einen Geometrievektor der Form

$$\vec{x} = (x_1, y_1, x_2, y_2, \ldots, x_i, y_i)^T$$

bzw. im dreidimensionalen Fall

$$\vec{x} = (x_1, y_1, z_1, x_2, y_2, z_2, \ldots, x_i, y_i, z_i)^T$$

Wenn alle Variablen mit x und einem laufenden Index bezeichnet werden, läßt sich der Geometrievektor folgendermaßen darstellen

$$\vec{x} = (x_1, x_2, x_3, x_4 \ldots, x_n)^T,$$

wobei für eine Anzahl von i Punkten im dreidimensionalen Fall n=3i gilt.

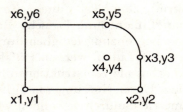

Abb. 5.4: Variablen eines Konstruktionsbeispiels

Explizite und implizite Restriktionen können damit durch Gleichungen mit Koordinaten als Unbekannten und Maßwerte als gegebene Größen ausgedrückt werden. Diese Gleichungen werden Restriktionsgleichungen genannt. Diese Vorgehensweise liefert ein System von Gleichungen der Form

$$F_i(\vec{x}, \vec{d}) = 0$$

wobei i=1,2,...,m und

$\vec{d}$ ... ein Vektor der Maßwerte,

$\vec{x}$ ... der Geometrievektor und

m ... die Anzahl der Restriktionen ist.

Als Beispiel läßt sich die geometrische Restriktion

$$\underset{x_1, x_2 \quad x_3, x_4}{\circ\!\!-\!\!-\!\!-\!\!-\!\!-\!\!\circ} \quad \text{horizontal}$$

in Gleichungsform beschreiben durch

$$F(\vec{x}, \vec{d}) = x_2 - x_4 = 0$$

In der Praxis sind Restriktionsgleichungen jedoch nichtlinear, wie anhand verschiedener Beispiele noch gezeigt wird. Die Aufgabe der

5.3. Simultane Lösung von Restriktionsgleichungen

Variantenevaluierung besteht nun im Lösen des im allgemeinen nichtlinearen Gleichungssystems

$$F_i(\vec{x}, \vec{d}) = 0$$

Dazu wird im weiteren für das Verfahren vorausgesetzt, daß die Funktionen F_i in $\vec{x}$ stetig differenzierbar sind. Als Lösungsansatz kommt dann ein iteratives Näherungsverfahren in Betracht. Abb. 5.5 zeigt eine solche Vorgehensweise anhand des Newton-Verfahrens im eindimensionalen Fall.

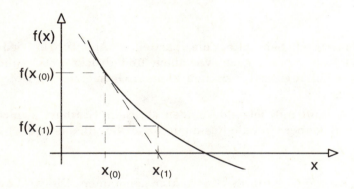

Abb. 5.5: Nullstellenbestimmung mit dem Newton-Verfahren

Wenn $x_{(0)}$ ein Näherungswert einer Wurzel der Gleichung

$$f(x) = 0$$

ist, dann erhält man einen besseren Näherungswert $x_{(1)}$ mit

$$x_{(1)} = x_{(0)} - \frac{f(x_{(0)})}{f'(x_{(0)})}.$$

Verfährt man nun mit $x_{(1)}$ so wie mit $x_{(0)}$, kann man einen noch besseren Näherungswert $x_{(2)}$ gewinnen usw. Diese schrittweise Näherung konvergiert unter bestimmten Bedingungen zur exakten Lösung. Voraussetzung ist, daß es sich einerseits um eine einfache Nullstelle handelt und daß andererseits der Startwert $x_{(0)}$ hinreichend nahe bei der exakten Lösung liegt. Insbesondere dürfen zwischen $x_{(0)}$ und der Wurzel keine Extremwerte von f(x) liegen.

Die Newton-Raphson-Methode ist eine Erweiterung dieses Verfahrens auf das Problem zur Lösung eines Systems von n Gleichungen mit n Unbekannten. An die Stelle der Ableitung des skalaren Funktion f tritt dabei die Jacobi-Matrix

$$J = \begin{pmatrix} f_{11} & \ldots & f_{1n} \\ \ldots & & \ldots \\ f_{m1} & \ldots & f_{mn} \end{pmatrix}$$

mit

$$f_{ij} = \frac{\partial F_i}{\partial x_j}$$

Die Jacobi-Matrix J beinhaltet die partiellen Ableitungen jeder Restriktionsgleichung nach jeder Variablen und drückt anschaulich gesprochen die Abhängigkeit zwischen kleinen Geometrie- und Maßänderungen aus.

Die Iteration läuft nun folgendermaßen ab. Beim Start ist $\vec{x}$ nicht konsistent mit $\vec{d}$, daher sind die Residuen ungleich null, das heißt

$$F_i(\vec{x}, \vec{d}) \neq 0$$

Der Ausgangsvektor $\vec{x}$ wird als Startvektor genommen. Die weiteren Näherungen errechnen sich nach der Iterationsvorschrift

$$\vec{x}_{(n+1)} = \vec{x}_{(n)} - J^{-1} F(\vec{x}_{(n)}, \vec{d})$$

wobei F das System der Gleichungen F_i bezeichnet. Dieser Prozeß wird so lange fortgeführt, bis die Residuen $F_i(\vec{x}, d)$ im Rahmen der erforderlichen Rechengenauigkeit verschwinden.

Es läßt sich zeigen, daß dieses Verfahren ein quadratisches Konvergenzverhalten hat. Im Falle von Mehrfachlösungen erhält man diejenige Lösung, die dem Startvektor gewissermaßen "am nächsten" ist.

Anhand des in Abb. 5.6 gezeigten bemaßten Dreiecks soll nun die Bestimmung der Restriktionsgleichungen und die Bildung der Jacobi-Matrix für das Newton-Raphson-Verfahren beispielhaft demonstriert werden.

5.3. Simultane Lösung von Restriktionsgleichungen

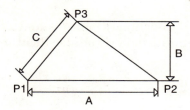

Abb. 5.6: Dreieck mit variablen Maßen

Unter der Annahme, daß die Punkte P1, P2 und P3 die Koordinaten x_1, y_1 bzw. x_2, y_2 und x_3, y_3 besitzen, ergeben sich für dieses Beispiel folgende Restriktionsgleichungen:

$$F_1 = (x_1 - x_2)^2 + (y_1 - y_2)^2 - A^2 = 0$$

$$F_2 = y_3 - y_2 - B = 0$$

$$F_3 = (x_1 - x_3)^2 + (y_1 - y_3)^2 - C^2 = 0$$

$$F_4 = x_1 = 0$$

$$F_5 = y_1 = 0$$

$$F_6 = y_2 - y_1 = 0$$

Die ersten drei Gleichungen repräsentieren die Maßrestriktionen für die Abstandsmaße A, B und C. F_4 und F_5 ergeben sich aus der Fixierung der Konstruktion in der Ebene durch die Festlegung der Koordinaten des Punkts P1. Die letzte Gleichung repräsentiert schließlich die Bedingung, daß die Strecke $\overline{P1P2}$ horizontal verläuft. Aus diesen Gleichungen ergibt sich die Jacobi-Matrix als:

$$\begin{bmatrix} 2(x_1-x_2) & 2(y_1-y_2) & -2(x_1-x_2) & -2(y_1-y_2) & 0 & 0 \\ 0 & 0 & 0 & -1 & 0 & 1 \\ 2(x_1-x_3) & 2(y_1-y_3) & 0 & 0 & -2(x_1-x_3) & -2(y_1-y_3) \\ 1 & 0 & 0 & 0 & 0 & 0 \\ 0 & 1 & 0 & 0 & 0 & 0 \\ 0 & -1 & 0 & 1 & 0 & 0 \end{bmatrix} \begin{bmatrix} dx_1 \\ dy_1 \\ dx_2 \\ dy_2 \\ dx_3 \\ dy_3 \end{bmatrix} = \begin{bmatrix} -f_1 \\ -f_2 \\ -f_3 \\ -f_4 \\ -f_5 \\ -f_6 \end{bmatrix}$$

Im folgenden wird gezeigt, wie sich die wichtigsten in der Praxis auftretenden Maßrestriktionen in Gleichungsform darstellen lassen.

- **Horizontales Maß**

  Ein horizontales Maß definiert den Abstand zwischen zwei beliebigen Punkten P1 und P2 in horizontaler Richtung (vgl. Abb. 5.7).

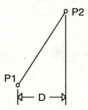

Abb. 5.7: Horizontales Maß

Die beiden Punkte können dabei über eines oder mehrere geometrischen Elementen verbunden sein, müssen dies jedoch nicht. Die dazugehörige Restriktionsgleichung, in welche die x-Koordinaten der beiden Punkte und die Distanz D des Maßes eingeht, lautet:

$$x_2 - x_1 - D = 0$$

- **Vertikales Maß**

  Analog zum horizontalen Maß definiert ein vertikales Maß den Abstand zwischen zwei Punkten in vertikaler Richtung, wie in Abb. 5.8 exemplarisch gezeigt ist.

Abb. 5.8: Vertikales Maß

Die Restriktionsgleichung hierfür ist:

$$y_2 - y_1 - D = 0$$

5.3. Simultane Lösung von Restriktionsgleichungen

- *Längenmaß*

  Ein Längenmaß definiert die Länge einer Linie, das heißt den euklidischen Abstand zwischen den beiden Endpunkten (vgl. Abb. 5.9).

Abb. 5.9: Längenmaß

Die entsprechende Restriktionsgleichung lautet:

$$(x_1 - x_2)^2 + (y_1 - y_2)^2 - D^2 = 0$$

Mathematisch gesehen, ist ein Längenmaß äquivalent zu einem Abstandsmaß zwischen zwei Punkten. Das heißt, die beiden Punkte zwischen denen eine Länge bzw. ein Abstand definiert ist, müssen nicht notwendigerweise miteinander verbunden sein.

- *Winkelmaß*

  Ein Winkelmaß betrifft die Spezifikation eines Winkels, unter dem sich zwei Geraden schneiden, wobei die beiden Geraden durch beliebige Abschnitte definiert sein können. Diese beiden Geradenabschnitte müssen sich weder schneiden noch gemeinsame Endpunkte haben.

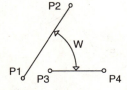

Abb. 5.10: Winkelmaß

Abb. 5.10 zeigt eine typische Konstellation für ein Winkelmaß. Wenn für die beiden Geradenabschnitte die jeweiligen Endpunkte bekannt sind, ergibt sich die Restriktionsgleichung für die Winkelbereiche

$0 < W < \frac{\pi}{4}$ und $\frac{2\pi}{4} < W < \pi$ zu:

$$\frac{(x_2 - x_1)(y_4 - y_3) - (y_2 - y_1)(x_4 - x_3)}{\sqrt{(x_2 - x_1)^2 + (y_2 - y_1)^2} \cdot \sqrt{(x_4 - x_3)^2 + (y_4 - y_3)^2}} - \sin(W) = 0$$

und für $\frac{\pi}{4} < W < \frac{2\pi}{4}$ durch:

$$\frac{(x_2 - x_1)(x_4 - x_3) + (y_2 - y_1)(y_4 - y_3)}{\sqrt{(x_2 - x_1)^2 + (y_2 - y_1)^2} \cdot \sqrt{(x_4 - x_3)^2 + (y_4 - y_3)^2}} - \cos(W) = 0$$

Diese Formeln ergeben sich nach einigen Zwischenschritten im wesentlichen aus der Umformung des Skalarproduktes, das für zwei beliebige Vektoren über deren Absolutbeträge und den Cosinus des eingeschlossenen Winkels sich nach

$a \cdot b = |a| \cdot |b| \cdot \cos(a,b)$

errechnet.

- *Abstand zwischen Punkt und Strecke*

Um die Entfernung eines Punkts zu einer gegebenen Strecke (vgl. Abb. 5.11) als Restriktionsgleichung zu spezifizieren, müssen zunächst Hilfsvektoren eingeführt werden.

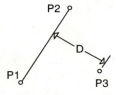

Abb. 5.11: Abstandsmaß zwischen Punkt und Strecke

5.3. Simultane Lösung von Restriktionsgleichungen

Dies sind, wie in Abb. 5.12 gezeigt, der Einheitsvektor $\hat{U}$ vom Punkt P1 nach P2 und ein Vektor $\vec{V}$ von P1 nach P3. Die Entfernung D ist dann das Kreuzprodukt aus $\hat{U}$ und $\vec{V}$.

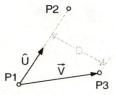

Abb. 5.12: Hilfskonstruktion zur Bestimmung des Abstands zwischen einem Punkt und einer Strecke

Der benötigte Einheitsvektor $\hat{U}$ von P1 nach P2 ergibt sich als

$$\hat{U} = \frac{(x_2 - x_1)}{|P_1 P_2|}\hat{i} + \frac{(y_2 - y_1)}{|P_1 P_2|}\hat{j}$$

wobei $\hat{i}$ und $\hat{j}$ die Basisvektoren des Koordinatensystems sind. Der Vektor $\vec{V}$ von P1 nach P3 errechnet sich entsprechend nach

$$\vec{V} = (x_1 - x_3)\hat{i} + (y_1 - y_3)\hat{j}$$

Schließlich ergibt sich damit die Restriktionsgleichung F für die Entfernung des Punkts P2 von der Strecke $\overline{P1P2}$ als

$$F = \hat{U} \times \vec{V} - D = 0$$

oder

$$f = U_x(y_1 - y_3) - U_y(x_1 - x_3) - D = 0$$

wobei gilt

$$U_x = \frac{(x_2 - x_1)}{|P_1 P_2|} \quad \text{und} \quad U_y = \frac{y_2 - y_1}{|P_1 P_2|}$$

- *Geometrische Restriktionen*

Neben Restriktionsgleichungen für Horizontalität, Vertikalität usw. lassen sich auch allgemeinere geometrische Restriktionen in Gleichungsform ausdrücken.

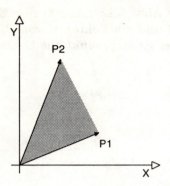

Abb. 5.13: Flächeninhalt als Restriktion

Als Beispiel ergibt sich für einen bestimmten Flächeninhalt eines Dreiecks, bestehend aus dem Koordinatenursprung und zwei weiteren Punkten P1 und P2 (vgl. Abb. 5.13), die zugehörige Restriktionsgleichung zu

$$F = \frac{(x_1 y_2 - x_2 y_1)}{2} - A = 0$$

Grundsätzlich lassen sich nach diesem Verfahren sowohl zwei- als auch dreidimensionale Modelle handhaben. Insbesondere lassen sich auch Restriktionen bezüglich Teilebeziehungen in Baugruppen erfassen [LeAn85]. Ein weiteres Merkmal ist, daß durch die simultane Lösung aller Restriktionsgleichungen auch Fälle, in denen Restriktionen zyklisch voneinander abhängen, abgedeckt sind.

Nachdem die Lösung numerisch durch ein iteratives Verfahren berechnet wird, stellt sich die Frage nach dem Lösungs- und Konvergenzverhalten. Im allgemeinen existieren mehrere Lösungen für nichtlineare Gleichungssysteme. Tatsächlich sind bei geometrischen Problemen vom Typ well-constrained exponentiell viele Lösungen möglich [Owe91]. Das Newton-Raphson-Verfahren konvergiert dabei quadratisch zu der Lösung, die dem Startvektor "am nächsten" ist. Bis heute ist kein numerisches Verfahren bekannt, das systematisch alle Lösungen liefern würde.

Das Konvergenzverhalten ist jedoch nicht nur von den Restriktionsgleichungen abhängig, sondern auch vom Startvektor und der exakten Lösung. Das heißt, je nach Startvektor kann das Verfahren für ein bestimmtes Modell erstens verschieden schnell zu einer Lösung

5.4. Regelbasierte Variantenberechnung

kommen und zweitens kann die Lösung für unterschiedliche Startpunkte verschieden ausfallen. Konkrete Aufgabenstellungen sind anschaulich gesprochen immer dann schlecht konditioniert, wenn kleine Maßänderungen große Geometrieänderungen hervorrufen.

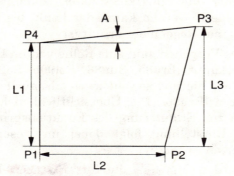

Abb. 5.14: Beispiel für eine schlecht konditionierte Ausgangskonstellation

Abb. 5.14 zeigt ein typisches Beispiel für einen solchen Fall. Bereits kleine Änderungen des Winkels A resultieren bei gleichbleibenden restlichen Maßwerten in einer relativ großen Änderung der x-Koordinate des Punkts P3.

Da einzelne Punkte der Konstruktion im allgemeinen nur an relativ wenige Restriktionen geknüpft sind, ist die Jakobi-Matrix typischerweise schwach besetzt. Das heißt, viele ihrer Elemente haben den Wert null. Für die Inversion von schwach besetzten Matrizen können spezielle Verfahren eingesetzt werden, deren Rechenaufwand im wesentlichen nur linear mit Ordnung der Matrix wächst.

5.4. Regelbasierte Variantenberechnung

Das Grundprinzip bei der regelbasierten Variantenberechnung besteht darin, die Punktkoordinaten einer Variante sequentiell unter Einsatz eines Expertensystems durch die Anwendung von geeigneten Regeln zu bestimmen. Ein vorgegebenes Problem wird hier durch eine Rückführung auf einfachere geometrische Konstellationen gelöst.

Die Existenz von geometrischen Elementen und Restriktionen sind *Fakten* im Sinne der Expertensystemtechnik. Durch die Anwendung von *Produktionsregeln* werden für spezielle geometrische Konstellationen Koordinatenbestimmungen durchgeführt bzw. Fakten auf einem höheren Niveau erzeugt. Dieser Prozeß wird so lange fortgeführt, bis entweder alle Punktkoordinaten bekannt sind oder keine Regel mehr "gefeuert" werden kann, das heißt, bis keine Bedingung zur Ausführung einer Regel mehr erfüllt ist.

Auch für dieses Vorgehen sind eine Reihe von im Detail verschiedenen Ansätzen bekannt [Brü85, Sun86, Rol90b, SoBr91, Brü93]. Im Prinzip lassen sich hiermit sowohl zwei- als auch dreidimensionale Modelle evaluieren [Brü86]. Der Übersichtlichkeit halber werden im folgenden jedoch zur Erläuterung des Funktionsprinzips 2D-Modelle betrachtet. Die Darstellung folgt dabei im wesentlichen dem in [VSR92] publizierten Ansatz.

Betrachtet werden Modelle, die aus Strecken bzw. gerichteten Geradenabschnitten mit ihren beiden Endpunkten und Maßrestriktionen bestehen. In der Konstruktionspraxis kommen zwar auch gekrümmte Elemente wie Kreise und Kreisbögen vor, diese lassen sich aber eindeutig durch bestimmte Punktepaare, die dann wie Strecken behandelt werden, charakterisieren. Sowohl Maßrestriktionen, wie beispielsweise Radiusangaben, als auch Tangentialbedingungen zwischen Kreisbögen, Kreisen oder Kreisen und Geraden, lassen sich auf Längen- und Winkelrestriktionen zurückführen. Zum Beispiel kann eine Tangentialbedingung zwischen einer Geraden und einem Kreis durch Angabe eines rechten Winkels zwischen der betreffenden Geraden und der Geraden, die durch den Kreismittelpunkt und den Tangentialpunkt definiert ist, repräsentiert werden.

Für die folgende Betrachtung wird angenommen, daß eine Übersetzung aller Restriktionen in Maß- und Winkelrestriktionen für ein vorliegendes geometrisches Modell bereits erfolgt ist. Zur formalen Beschreibung der Restriktionen wird eine auf Sunde [Sun87, SuKa87] zurückgehende Notation in Form von sogenannten CA-Sets und CD-Sets als charakteristische Mengen benutzt. Diese sind folgendermaßen definiert:

- Ein CA-Set ist eine Menge von Punktepaaren mit gegenseitig definierten Winkelrestriktionen
- Ein CD-Set ist eine Menge von Punkten mit gegenseitig definierten Abstandsrestriktionen

Diese Mengen werden gebildet, wenn Restriktionen in die Konstruktion eingebracht werden.

Die Berechnung einer Varianten, welche alle Restriktionen für vorgegebene Maßwerte erfüllt, wird nun durch ein Expertensystem ausgeführt. Das dahinterliegende Grundprinzip ist die sukzessive Berechnung von Punktkoordinaten durch Anwendung von geometrischen Regeln. Ein Modell ist dabei vollständig bestimmt, wenn alle seine Punkte zum selben CD-Set gehören.

Als Grundlage umfaßt das geometrische Wissen Fakten, Produktions- und Verifikationsregeln. Fakten werden durch den Systemanwender spezifiziert. Sie beschreiben die Existenz von geometrischen Elementen und Restriktionen. Die Produktionsregeln werden dazu benutzt, Informationen auf einem höheren Niveau zu bestimmen. Sie kommen in solchen Situationen zur Ausführung, in denen eine Bedingung zur Vereinigung von zwei oder mehreren CA- oder CD-Sets in größere CA- bzw. CD-Sets erfüllt ist. Sie haben allgemein die Form

WENN Bedingung THEN Konklusion

wobei die Bedingung auch ein logischer Ausdruck, das heißt aus mehreren Einzelbedingungen zusammengesetzt, sein kann. Beispiele für Produktionsregeln sind:

- *WENN* eine neue Längenrestriktion eingeführt wird *DANN* wird ein CD-Set wird generiert, das die bezogenen Punkte beinhaltet
- *WENN* eine Winkelrestriktion generiert wird *DANN* werden die CA-Sets von den bezogenen Punkten vereinigt
- *WENN* zwei CD-Sets einen gemeinsamen Punkt haben *UND* ein Winkel zwischen diesen CD-Sets spezifiziert ist *DANN* werden die CD-Sets vereinigt

Abb. 5.15 zeigt ein Beispiel für die Kondition zur Vereinigung zweier CA-Sets, während Abb. 5.16 eine Situation darstellt, in welcher die Bedingung für die dritte Produktionsregel erfüllt ist.

Im allgemeinen sind einige der Bedingungen für die Produktionsregeln nicht explizit in der Datenstruktur gespeichert. Für solche Fälle werden Verifikationsregeln benutzt, um die Gültigkeit dieser Bedingungen zu überprüfen. Produktionsregeln, die im Rahmen von [VSR92] entwickelt wurden, umfassen Konstellationen für Dreiecke und Vierecke.

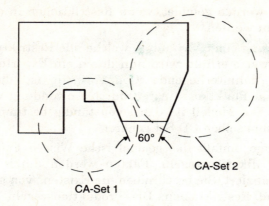

Abb. 5.15: Beispiel für Bedingung zur Vereinigung von zwei CA-sets

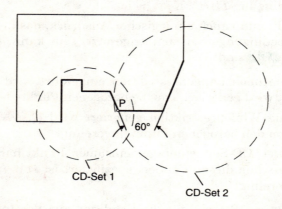

Abb. 5.16: Beispiel für Bedingung zur Vereinigung von zwei CD-Sets

Ein Dreieck ist bekanntlich durch drei Winkel- oder Abstandsrestriktionen definiert, wobei mindestens eine der Restriktionen eine Abstandsrestriktion sein muß und sowohl die Lage eines Punktes in der Ebene als auch die Orientierung, das heißt die Drehlage des Dreiecks in dieser Ebene, gegeben sein muß. Dies führt unmittelbar zu drei entsprechenden Dreiecksregeln.

Um ein Viereck mit einer gegebenen Orientierung und der Lage von einem seiner Punkte in seiner Spezifikation zu vervollständigen, sind fünf weitere Restriktionen notwendig. Auch in diesem Fall muß eine der Restriktionen eine Abstandsrestriktion sein. Regeln, die die verschiedenen, möglichen Konstellationen abdecken, müssen den Fall von Winkelrestriktionen zwischen nichtbenachbarten Seiten enthalten. Bezüglich einer konkreten Formulierung solcher Regeln sei der interessierte Leser auf [VSR92] verwiesen. Es läßt sich zeigen, daß diese Regeln die Berechnung einer großen Klasse von geometrischen Modellen unterstützen. Dies rührt im wesentlichen daher, daß die meisten Konstruktionen in Dreiecks- bzw. Vierecksfälle zerlegt werden können. Um den Umfang der damit beherrschbaren Modelle näher zu charakterisieren, sollen im folgenden zwei Klassen von unterstützten Modellen beschrieben werden:

- *Loop Configuration Model*

    Ein geometrisches Modell wird als Loop Configuration Model oder kurz LC-Modell bezeichnet, wenn alle seine Segmente, die in einer Abstands- oder Winkelrestriktion berücksichtigt sind, eine einfache Schleife bilden. Einfache Schleife bedeutet dabei, daß jeweils ein Endpunkt eines Segments zugleich Anfangspunkt genau eines anderen, mit einer Abstand- bzw. Winkelrestriktion versehenen Elements ist. Abbildung 5.17 zeigt ein Beispiel für ein solches LC-Modell.

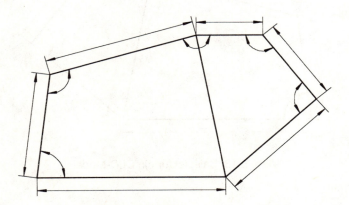

Abb. 5.17: Beispiel für ein LC-Modell

Es läßt sich zeigen, daß mit den entsprechenden Regeln jedes LC-Modell berechnet werden kann, vorausgesetzt, daß es durch einen gegebenen Restriktionssatz vollständig spezifiziert ist und die numerischen Werte für die einzelnen Maßparameter konsistent sind.

Die Klasse der LC-Modelle ist zwar groß, jedoch ist die Bedingung, daß alle mit Restriktionen versehenen Elemente in einer einfachen Schleife angeordnet sein müssen, noch eine deutliche Einschränkung. Viele andere, praxisgerechte Beispiele, die nicht dieser Bedingung genügen, können jedoch ebenfalls berechnet werden. Dies soll durch die im folgenden aufgezeigte Charakterisierung einer umfassenderen Modellklasse veranschaulicht werden.

- *Compound Loop Configuration Model*

Ein geometrisches Modell M sei ein Compound Loop Configuration Model oder kurz CLC-Modell, wenn es sich aus LC-Modellen, $M_1, ..., M_n$, so zusammensetzt, daß für alle M_i ($1 \leq i \leq n$) Winkel- und Abstandsrestriktionen innerhalb M_i existieren, die auch in der Vereinigung von M_j ($1 \leq j \leq i-1$) enthalten sind. Abbildung 5.18 zeigt ein Beispiel für ein CLC-Modell.

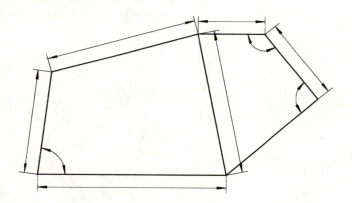

Abb. 5.18: Beispiel für ein CLC-Modell

Es ist leicht zu erkennen, daß CLC-Modelle nach diesem Verfahren ebenfalls berechnet werden können, nachdem sie lediglich aus LC-Modellen mit definierten, relativen Orientierungen und Plazierungen aufgebaut sind.

Modelle, die nicht zur der Klasse der CLC-Modelle gehören, beinhalten per Definition eine Menge von Elementen, die nicht in LC-Modelle zerlegbar sind. Typischerweise sind diese Untermengen

5.4. Regelbasierte Variantenberechnung

Fälle von zyklischen Restriktionsanordnungen, bei denen mehrere Unbekannte simultan involviert sind. Abbildung 5.19 zeigt ein Beispiel für ein nicht zur Klasse der CLC-Modelle gehörendes geometrisches Modell.

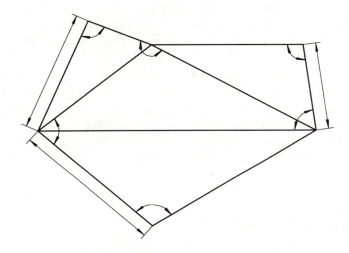

Abb. 5.19: Beispiel einer nicht in der Klasse der CLC-Modelle enthaltenen Anordnung

Durch die programmtechnische Trennung der Repräsentation von Regeln und eines Inferenzmechanismus zur Steuerung der Ausführung läßt sich ein System, das nach diesem Verfahrensprinzip aufgebaut ist, relativ einfach zur Abdeckung von neuen Situationen dadurch erweitern, daß entsprechende zusätzliche Regeln aufgenommen werden.

Außerdem bietet eine solche Systemorganisation von Hause aus eine Infrastruktur, die es erlaubt, eine intelligente Konstruktionsunterstützung in Form von abrufbaren oder vom System zur automatischen Konstruktionsüberprüfung verwendeten Konstruktionsregeln [YaVo88] zu unterstützen.

Bisher sind regelbasierte Systeme für Variantenkonstruktion fast nur in Forschungsprojekten zu finden. Dies hängt nicht zuletzt damit zusammen, daß die Erzeugung von Varianten häufig zu Problemen im Laufzeitverhalten führt. Bei der Umgehung eines Expertensystems durch eine direkte Programmierung der Regelabarbeitung ließen sich zwar Geschwindigkeitssteigerungen erzielen, dies ginge aber auf

Kosten des Vorteils, daß existierende Werkzeuge zum Einsatz kommen können.

Eine andere Möglichkeit zur Beschleunigung des Laufzeitverhaltens besteht darin, daß bei der Regelabarbeitung zusätzlich der jeweils zum Ziel führende Berechnungsweg mit aufgezeichnet wird [Ald88], so daß der wesentliche Aufwand nur bei der Bestimmung der ersten Modellausprägung entsteht. Alle weiteren Varianten könnten dann unmittelbar unter Nutzung der zuvor bestimmten Reihenfolge generiert werden.

Im Gegensatz zum Ansatz der simultanen Lösung von Restriktionsgleichungen sind hier zyklische Abhängigkeiten problematisch. Zum einen muß vermieden werden, daß das Expertensystem in solchen Fällen in eine Endlosschleife gerät und zum anderen sind allenfalls ganz bestimmte Konstellationen handhabbar, für die von vornherein entsprechende Regeln eingebaut sind.

5.5. Generative Methode

Während die bisher beschriebenen Methoden prinzipiell unabhängig von der Entstehungsgeschichte einer Konstruktion waren, nutzen generative Methoden zur Evaluierung gewissermaßen einen natürlichen Weg, nämlich die Rekonstruktion des Modells in der Reihenfolge der vom Benutzer gegangenen Konstruktionsschritte [CDG85, CFV88, RBN88, Rol89a, BeRo92, DRB93].

Im wesentlichen reduziert sich daher die Zeit für die Evaluierung einer Variante auf diejenige, die das System benötigen würde, wenn ein Benutzer mit unendlicher Geschwindigkeit die Konstruktion mit den aktuellen Parameterwerten eingeben würde. Wie in Kapitel 10 noch zu erkennen sein wird, kommt diese Methode vor allem in kommerziellen 3D-Parametriksystemen häufig zum Einsatz.

In der Literatur wird zum Teil parametrische Modellierung ausschließlich in Verbindung mit dem generativen Ansatz definiert und alle anderen Methoden dem Gebiet der variationalen Geometrie zugeordnet [ChSch90]. Eine solche spezielle Definition mag zwar die Möglichkeit bieten, bestimmte Systeme als nicht parametrisch zu disqualifizieren, ist aber sicherlich nicht im Sinne der allgemein üblichen Bedeutung des Begriffs "parametrisch".

5.5. Generative Methode

Der Aufbau einer Musterkonstruktion und die Erzeugung von Varianten umfaßt beim generativen Ansatz folgende Schritte:

1. Speicherung der Konstruktionssequenz, das heißt, der vom Benutzer eingegebenen Befehle oder aber der jeweils ausgelösten Operationen und der dabei von ihnen erzeugten Elemente.
2. Die Generierung eines Ablaufplans zur Erzeugung der Rekonstruktion, wobei für parametrisierte Operationen entsprechende Variablen vergeben werden.
3. Die Ausführung des Konstruktionsplans zur Erzeugung einer Variante unter Berücksichtigung der aktuellen Parameterwerte.

Die Generierung eines parametrisierten Konstruktionsplans wird im folgenden anhand eines einfachen zweidimensionalen Beispiels gezeigt, wobei sich die konkreten Befehle auf eine Implementierung beziehen, die in [Rol89a] näher beschrieben ist.

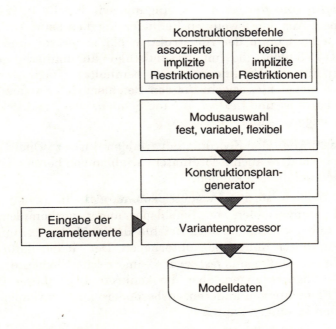

Abb. 5.20: Systemarchitektur für generative Variantenerzeugung

Abb. 5.20 zeigt das Verfahren in einer schematischen Darstellung. Das Problem der Eingabe von Restriktionen ist dabei so gelöst, daß die dem Benutzer zur Verfügung stehenden Konstruktionsbefehle aus folgenden beiden Befehlsklassen bestehen:

1. Befehle, die eine implizite Restriktion nach sich ziehen
2. Konventionelle Befehle, die nicht die Speicherung einer impliziten Restriktion bewirken

Durch die Auswahl des entsprechenden Konstruktionsbefehls legt damit der Benutzer fest, ob ein zu konstruierendes geometrisches Element mit einer bestimmten Restriktion behaftet ist oder nicht. Beim Zeichnen einer Linie bewirkt beispielsweise der Befehl LINE-BETWEEN-TWO-POINTS keine Restriktion, während der Befehl LINE-HORIZONTAL eine Linie erzeugt, die mit der Restriktion *horizontal* versehen ist.

Für die zu konstruierenden Elemente stehen weiterhin die Maßmodi *fest*, *variabel* und *flexibel* zur Verfügung, wie bereits in Kapitel 4.3 beschrieben. Aus den jeweiligen Benutzereingaben beim Aufbau eines Modells erzeugt dann der Konstruktionsplangenerator eine Sequenz von CAD-Befehlen, die im wesentlichen automatisch generierte Variablen für alle Punktkoordinaten beinhalten. Dazu werden alle Konstruktionsbefehle, sowohl für den Befehlsmodus *fest* als auch für die Modi *variabel* und *flexibel*, in eine Sequenz von Ausdrücken überführt, die folgendes umfaßt:

- Eine Definition der Koordinatenvariablen durch Formelausdrücke, die insbesondere auch Koordinatenvariablen von bereits definierten Punkten beinhalten können.
- Ausschließlich solche Geometriekommandos, in denen lediglich Koordinatenvariablen als Befehlsparameter vorkommen. Es ist dabei zu bemerken, daß auch Befehle, die im Modus *fest* eingegeben wurden, dieser Konversion unterliegen. Der Grund dafür ist, daß Befehle des Maßmodus *fest* zwar geometrische Elemente mit einer festen Länge erzeugen, aber die konkrete Lage dieser geometrischen Elemente von anderen, insbesondere auch variablen Geometrieteilen abhängen kann.

5.5. Generative Methode

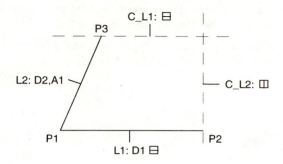

Abb. 5.21: Konstruktionsbeispiel für generative Methode

Abb. 5.21 zeigt ein einfaches Konstruktionsbeispiel, das aus zwei geraden Linien sowie zwei Konstruktionshilfslinien besteht. Zur Angabe der Maßrestriktionen und der impliziten Restriktionen wurden die in Kapitel 4.4 vorgestellten Restriktionspiktogramme und Maßbezeichner benutzt. Zum Aufbau dieser Konstruktion dienen die vier Konstruktionsbefehle:

```
LINE_HORIZONTAL (start_point P1, length D1)
LINE_POINT_LENGTH_ANGLE (start_point P1, length D2, angle_to_horizontal A1)
C_LINE_HORIZONTAL (level P3)
C_LINE_VERTICAL (level P2)
```

Diese Eingaben werden vom Konstruktionsplangenerator in folgende Befehlssequenz konvertiert:

```
x1 = start_point_x_coordinate
y1 = start_point_y_coordinate
x2 = x1 + D1
y2 = y1
LINE_BETWEEN_TWO_POINTS ((x1,y1) (x2,y2))
x3 = x1 + (D2 * cos (A1))
y3 = y1 + (D2 * sin (A1))
LINE_BETWEEN_TWO_POINTS ((x1,y1) (x3,y3))
C_LINE_POINT_ANGLE (x3,y3), 0)
C_LINE_POINT_ANGLE (x2,y2), 90)
```

Zur Generierung einer Variante bringt der Variantenprozessor die vom Konstruktionsplangenerator erzeugte und gespeicherte Befehlssequenz zum Ablauf. Dazu werden zunächst vom Benutzer in Dialogform Werte für alle Maßvariablen erfragt. Maßwerte können dazu manuell über die Tastatur eingegeben oder durch Angabe einer passenden Maßwertedatei bestimmt werden.

Abb. 5.22 zeigt die Benutzereingaben zum Aufbau eines solchen parametrischen Modells in Form eines Flußdiagramms.

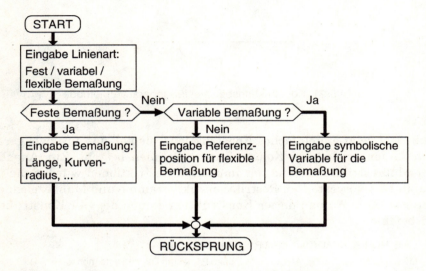

Abb. 5.22: Flußdiagramm für Geometrieeingabe

Um die Eingabe eines parametrischen Modells nach diesem generativen Ansatz zu veranschaulichen, wird im folgenden schrittweise die Durchführung einer Beispielkonstruktion erläutert. Es handelt sich dabei um ein prismatisches Werkstück mit einer Fase, einer Verrundung und einem Langloch. Mit Ausnahme der Gesamtlänge des Werkstücks sollen alle Maße als Parameter definiert werden.

Abb. 5.23 zeigt die äußere Kontur, die in einem ersten Konstruktionsschritt erstellt wird. Dazu wird zunächst eine Linie mit assoziierter impliziter Restriktion *horizontal* im Befehlmodus *fest* mit der Länge 100 eingegeben. Anschließend wird vom linken Endpunkt beginnend eine vertikale Linie mit der variablen Länge L1 konstruiert. Beginnend am Endpunkt dieser neuen Linie wird nun die obere Kante mit der variablen Länge L2 und der Restriktion *horizontal* eingegeben. Als nächstes wird die rechte Werkstückkante als vertikale Linie mit der Länge L3 eingegeben. Schließlich ist die Schräge als flexible Linie zwischen den Endpunkten der oberen und der rechten Konturlinie definiert.

5.5. Generative Methode

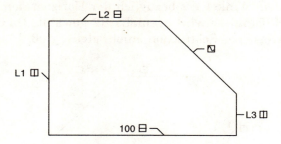

Abb. 5.23: Erste Konstruktionsschritte

Im nächsten Schritt wird an der linken oberen Ecke eine Fase angebracht, wobei der entsprechende Konstruktionsbefehl im Modus *variabel* gewählt wird und als Parameter der Winkel W1 und die Fasenlänge L4 vergeben wird. Analog dazu wird die Verrundung mit einem entsprechenden Befehl und einem variablen Verrundungsradius R1 konstruiert. Abb. 5.24 zeigt das Resultat nach diesen Operationen.

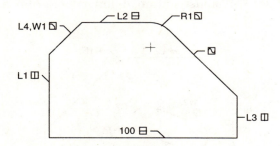

Abb. 5.24: Modifikation mittels Funktionen FASE und RUNDUNG

Das nun zu konstruierende Langloch soll sowohl bezüglich seines Durchmessers, seiner Länge, seiner Orientierung und seiner Lage parametrisiert werden.

Wie in Abb. 5.25 gezeigt, wird hierzu eine Konstruktion mit Hilfslinien vorbereitet. Es wird zunächst ein Hilfskreis mit dem variablen Radius R2 eingegeben, dessen Mittelpunkt im Abstand L5 in horizontaler Richtung und L6 in vertikaler Richtung vom linken Eckpunkt der Strecke mit der Länge 100 ist. Der Mittelpunkt eines zweiten Hilfskreises wird im Abstand L7 vom Mittelpunkt des ersten Hilfskreises und dem Winkel W2 bezüglich der Horizontalen definiert. Als Radius des Hilfskreises wird ebenfalls R2 gewählt. Dadurch sind die beiden Hilfskreise per Restriktion immer gleich groß.

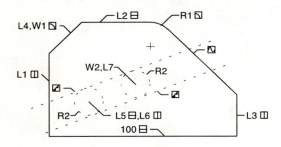

Abb. 5.25: Anwendung variabler Hilfsgeometrie

Als nächstes werden nun zwei Hilfsgeraden mit der Restriktion eingegeben, tangential an die beiden Hilfskreise zu sein. Die Kontur des Langlochs liegt damit fest und wird abschnittsweise als flexible Linie, basierend auf der Hilfskonstruktion, definiert (vgl. Abb. 5.26).

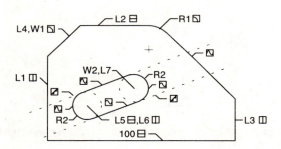

Abb. 5.26: Fertige Konstruktion

Nach Abschluß dieser Konstruktion können allen Variablen, das heißt Maßparametern, neue Werte zugeordnet werden. Die Variante wird dann erzeugt, indem der im Hintergrund generierte Konstruktionsplan mit den jeweils aktuellen Werten zur Ausführung gebracht wird.

Wenn die vom Benutzer eingegebenen Maßwerte inkonsistent mit den Restriktionen des Grundmodells sind, wird die Variantengenerierung mit demjenigen Befehl, der aufgrund einer Inkonsistenz nicht mehr ausgeführt werden kann, beendet und ein entsprechender Warnhinweis ausgegeben. Abb. 5.27 zeigt dies für den Fall, daß für den Rundungsradius R1 ein Wert gewählt wurde, der mit den anderen vorgegebenen Maßen nicht verträglich ist.

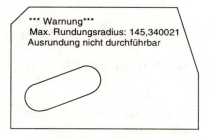

Abb. 5.27: Beispiel für Feedback bei inkonsistenter Restriktionssitutation

Abb. 5.28 zeigt zwei Beispiele für korrekte Varianten, die sich in ihrer Ausprägung relativ drastisch unterscheiden. Insbesondere ist bei diesen beiden Varianten der Drehwinkel und der Durchmesser des Langlochs verschieden. Außerdem bewirken die unterschiedlichen Werte für den Winkel W1 der Fase einen stark geänderten Verlauf im Bereich der Verrundung.

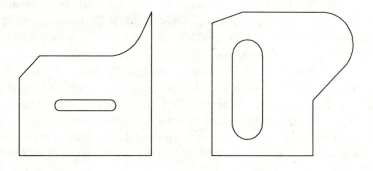

Abb. 5.28: Beispiele für gültige Varianten

Dieses Beispiel soll verdeutlichen, wie implizite Restriktionen gewissermaßen ohne Zusatzaufwand bei der Geometrieeingabe entsprechend der Konstruktionsvorstellung des Benutzers aufgebaut werden können. Wichtig ist jedoch, daß sich hierzu der Anwender bereits vom Konstruktionsbeginn an sehr sorgfältig bei jedem Eingabeschritt damit beschäftigen muß, welche Restriktionen das Modell enthalten soll.

5.6. Unterbestimmte und überbestimmte Fälle

Sowohl unterbestimmte Modelle als auch Konstruktionen, die überbestimmt sind, das heißt mehr Restriktionen als notwendig beinhalten, stellen ein Problem dar. Im folgenden werden zunächst *unterbestimmte Konstruktionen* betrachtet.

Modelle, die nicht vollständig spezifiziert sind, haben a priori noch verbleibende Freiheitsgrade. Ein fertigungsgerechtes CAD-Modell darf jedoch keine Freiheitsgrade mehr beinhalten. Trotzdem ist die Handhabung von unterspezifizierten Modellen innerhalb eines CAD-Systems von Interesse. Dies liegt daran, daß insbesondere in frühen Konstruktionsphasen zum Teil noch gar nicht alle Restriktionen bekannt sind. Auch in diesen Phasen sollte es möglich sein, Modelle zu visualisieren.

Ein Problem entsteht dann, wenn Parameterwerte geändert werden und das neue Modell bestimmt werden soll. Hierfür gibt es unendlich viele Lösungen. Die Frage, die sich dabei stellt, ist die, welche der Lösungen der Vorstellung des Konstrukteurs am nächsten kommt.

Abb. 5.29 zeigt die Problematik der Unterbemaßung an einem simplen Beispiel. Interessant ist dabei, wie die Geometrie unter Berücksichtigung der Rechtwinkligkeitsbedingungen aussieht, wenn das Maß 50 auf 25 reduziert wird. Während bei einer formal korrekten Lösung die Aussparung ebenfalls um 25 mm nach unten versetzt ist, bestehen weitere mögliche Lösungen unter anderem darin, daß aus der Aussparung eine Nocke wird, oder darin, daß eine dreifache Abstufung erzeugt wird.

5.6. Unterbestimmte und überbestimmte Fälle

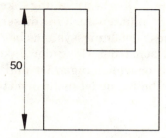

Abb. 5.29: Beispiel für Lösungen bei Unterbemaßung

Als Zielkriterium für die Auswahl einer Lösung kann beispielsweise dienen:

1. Die Bestimmung einer Variante, bei der möglichst viele Punktkoordinaten unverändert bleiben.
2. Die Bestimmung einer Variante, bei der die Summe der Quadrate der Abstände zwischen den Punkten im Originalmodell und den Punkten der Varianten minimal sind.
3. Die Erhaltung möglichst vieler intuitiv erfaßbarer Formeigenschaften. Mit dem Verfahren der simultanen Lösung eines Restriktionsgleichungssystems sind unterbestimmte Fälle nicht unmittelbar handhabbar.

Hierfür wurde jedoch ein Verfahren entwickelt [LiGo82], das durch eine algebraische Umformung mittels Matrizenoperationen eine Untermenge der Komponenten des Geometrievektors ermittelt, für die eine Lösung existiert. Das heißt, die Jakobi-Matrix kann dann invertiert werden. Die Iteration bei der numerischen Lösung dieses Problems konvergiert dabei im allgemeinen gegen eine Lösung, die nicht notwendigerweise eines der o.g. Kriterien erfüllt.

Ein Verfahren, welches das dritte Kriterium unterstützt, besteht darin, daß durch einen graphentheoretischen Ansatz Mengen von geometrischen Komponenten ermittelt werden, die bis auf eine gemeinsame Translation oder eine gemeinsame Rotation von beliebigen Parameteränderungen unabhängig sind.

Eine andere Problematik stellen *überbestimmte Konstruktionen* dar. Während solche Fälle theoretisch eindeutig lösbar sind, birgt eine Überbestimmung, zum Beispiel in Form von redundanten Maßen oder redundanten impliziten Restriktionen, die Gefahr einer Inkonsistenz. Während bei der direkten, der regelbasierten und der konstruktiven

Variantenbildung eine Überbestimmung keine grundsätzlichen Schwierigkeiten bereitet, müssen auch für diesen Fall beim Ansatz der simultanen Lösung eines Gleichungssystems bestimmte Vorkehrungen getroffen werden, weil sonst der Rang der Jakobi-Matrix kleiner als die Anzahl der Restriktionsgleichungen ist und damit ihre Determinante verschwindet. Das heißt, sie ist nicht invertierbar.

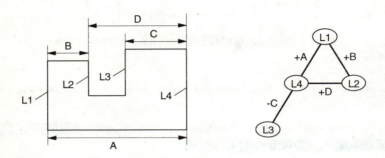

Abb. 5.30: Beispiel für Überbemaßung
Links: Geometrie mit Bemaßung. Rechts: Restriktionsgraph

Auch in diesem Falle ist es möglich, durch einen graphentheoretischen Ansatz redundante Maße zu ermitteln [Fiz81]. Abb. 5.30 zeigt dies für axiale Maße an einem einfachen Beispiel. Dabei wird für ein vorgegebenes Modell ein zugehöriger Restriktionsgraph erstellt. Die Knoten des Restriktionsgraphen repräsentieren dabei Linien, seine Kanten mit einem Vorzeichen behaftete axiale Abstandsrestriktionen. Redundante Maße spiegeln sich dann als Zyklen im Restriktionsgraph wider, die mit bekannten Verfahren aus der Graphentheorie ermittelt werden können.

Ein graphbasiertes Verfahren für eine erweiterte Klasse von Maßen, das eine vorgegebene Konstruktion sowohl auf Unter- als auch Überspezifikation analysieren kann, findet der interessierte Leser in [Chy85].

5.7. Abschließende Bemerkungen zu den Verfahrensklassen

Die in den vorangegangenen Unterkapiteln beschriebenen Methoden besitzen jeweils unterschiedliche Stärken. Die *Variantenprogrammierung* erfordert dabei systemtechnisch die geringsten Voraussetzungen, benötigt dafür besondere Vorkenntnisse des Benutzers. Speziell bei Normteilen, die einerseits in einer von einem bestimmten CAD-System unabhängigen parametrischen Darstellung erfolgen sollen und die außerdem sehr vielfältige Varianten beinhalten, kommt diese Methode sehr häufig zum Einsatz. Der erhöhte Aufwand, der durch die Programmierarbeit entsteht, ist in diesen Fällen vernachlässigbar.

Die *direkte Variantenberechnung* unterstützt eine interaktive Arbeitsweise und ist wenig rechenintensiv. Sie ermöglicht jedoch keine Konstruktionen mit beliebigen zyklischen Abhängigkeiten.

Der Ansatz über die *simultane Lösung* eines Restriktionsgleichungssystems umfaßt eine sehr weite Klasse von Restriktionstypen, benötigt aber besondere Vorkehrungen für über- und unterbestimmte Modelle und liefert im Falle von mehreren Lösungsmöglichkeiten jeweils nur eine Lösung.

Die *konstruktive Variantenevaluierung* zeichnet sich durch eine besonders hohe Verarbeitungsgeschwindigkeit aus, ist jedoch auf konventionelle Modelle nicht anwendbar, da für solche die Konstruktionsreihenfolge nicht bekannt ist.

Schließlich ist der *regelbasierte Ansatz* von der Softwaretechnik her eine sehr elegante Lösung und potentiell für wissensbasierte Variantenkonstruktion eine naheliegende technologische Grundlage. Durch die benötigte Rechenleistung und die Problematik der Entwicklung von geeigneten Regeln für eine allgemeine Modellklasse ist dieser Ansatz im wesentlichen noch im Forschungsstadium.

Weiterentwicklungen der beschriebenen Ansätze sind insbesondere im Bereich der Benutzungsschnittstelle und noch allgemeineren Restriktionstypen sowie der Handhabung von komplexen Baugruppen zu erwarten [HRW94].

Zusammenfassend kann festgestellt werden, daß es keine beste Methode für parametrische Modellierung gibt. Vielmehr sind für spezielle Anwendungsfelder und spezielle Einsatzbedingungen die jeweils geeigneten Methoden in Betracht zu ziehen.

6. Ausgewählte Anwendungs- und Konstruktionsbeispiele

Bei der Variantenbildung durch parametrische Modellierung ist die Handhabung von Restriktionen eine fundamentale Grundlage. In diesem Kapitel werden zunächst einige Konstruktionsbeispiele gezeigt, die die Mächtigkeit dieses Hilfsmittels veranschaulichen sollen. Anschließend wird dargelegt, wie sich die Methode der parametrischen Modellierung als Werkzeug für die kinematische Analyse und Simulation einsetzen läßt. Als wichtigstes Anwendungsfeld für Konstruktionsvarianten wird die Repräsentation von Teilefamilien und die Nutzung von parametrischen Normteilbibliotheken jeweils an einem typischen Beispiel erläutert. Abschließend wird gezeigt, wie sich konventionell erstellte Papierzeichnungen mit Hilfe parametrischer Methoden in ein maßgerechtes CAD-Modell überführen lassen.

6.1. Beispiele für nichttriviale Restriktionskonstellationen

Eine typische Restriktion, die in der Praxis häufig vorkommt und die sich nicht in einer einzigen Gleichung oder einer bestimmten Regel formulieren läßt, ist die Einhaltung einer konstanten Wandstärke. Abb. 6.1 zeigt dies am Beispiel des Querschnitts eines einfachen prismatischen Teils, bei dem Höhe und Länge variabel spezifiziert sind und die Dicke mit 10 vorgegeben ist.

Bereits diese verhältnismäßig einfache Problemstellung bereitet kommerziellen CAD-Systemen nicht selten Schwierigkeiten. Dies liegt in erster Linie daran, daß sich nicht alle Abstandsmaße unmittelbar als Abstände zwischen Punktepaaren ergeben.

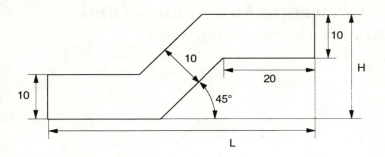

Abb. 6.1: Beispiel für das Einhalten einer konstanten Dicke

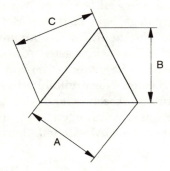

Abb. 6.2: Mehrere voneinander abhängige Restriktionen

Ein auf den ersten Blick noch einfacheres Konstruktionsbeispiel zeigt Abb. 6.2. Hier handelt es sich lediglich um ein Dreieck, das über drei Abstandsmaße spezifiziert ist. Auch wenn angenommen wird, daß einer der Eckpunkte festliegt, die Grundseite des Dreiecks horizontal verläuft und die Spitze nach oben zeigt, stellt diese Konstruktion ein besonderes Problem dar.

Obgleich die Vorgabe der drei Höhen des Dreiecks, die in Abb. 6.2 mit A, B und C bezeichnet sind, eine vollständige Bemaßung darstellen, bereitet dies dem Konstrukteur in der Praxis sowohl mit Zirkel und Lineal als auch bei der Anwendung eines konventionellen CAD-Systems ganz erhebliche Schwierigkeiten.

Der Grund dafür liegt darin, daß die Maße untereinander zyklisch abhängig sind. Wenn zwei Punkte unter Einhaltung von zwei Maßen

6.1. Beispiele für nichttriviale Restriktionskonstellationen 115

konstruiert sind, ergibt sich der dritte Punkt nicht ausschließlich durch das dritte Maß unabhängig von den beiden anderen. Je nach zugrundeliegendem Verfahren reagieren auch hier kommerzielle parametrische Systeme zum Teil unterschiedlich.

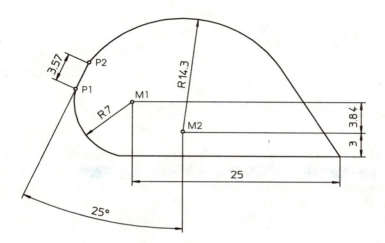

Abb. 6.3: Vollständig bemaßtes, konstruktiv lösbares Problem

Abb. 6.3 zeigt ein Konstruktionsbeispiel, das vollständig bemaßt ist, wobei alle Maße mit konkreten Werten vorgegeben sind. Es ist dabei zu beachten, daß die Angabe des Großbuchstabens R bei den beiden Radiusangaben keine Maßvariable bezeichnet, sondern den im Maschinenbau üblichen Präfix für die Bezeichnung eines Radius darstellt.

Die beiden Mittelpunkte der Kreisbögen sind mit M1 und M2 bezeichnet, um bei der nachfolgenden Erläuterung leichter auf sie Bezug nehmen zu können. Dasselbe gilt für die beiden mit P1 und P2 bezeichneten Endpunkte des Geradenstücks mit der Länge 3,57.

Bis auf die Konstruktion der Strecke zwischen P1 und P2 unter dem Winkel von 25° bezogen auf die Vertikale bereitet diese Konstruktion keine besonderen Probleme. Allerdings stellen CAD-Systeme typischerweise für die Eingabe der Strecke $\overline{P1P2}$ keinen speziellen Befehl zur Verfügung. Während die Länge und der Winkel der zu konstruierenden Strecke bekannt sind, sind die beiden Endpunkte P1 und P2 nicht unmittelbar gegeben. Es handelt sich jedoch um eine vollständige und korrekte Maßkonstruktion. Für die unbekannten Koordinaten x_1 und x_2 bzw. y_1 und y_2 für die Punkte P1 und P2 lassen sich unmittelbar folgende Restriktionsgleichungen formulieren:

$$\overline{P_2 M_2} = 14,3 = \sqrt{(x_{M_2} - x_2)^2 + (y_2 - y_{M_2})^2}$$

$$\overline{P_1 M_1} = 7 = \sqrt{(x_{M_1} - x_1)^2 + (y_1 - y_{M_1})^2}$$

$$\overline{P_1 P_2} = 3,57 = \sqrt{(x_2 - x_1)^2 + (y_2 - y_1)^2}$$

$$\tan(25°) = \frac{x_2 - x_1}{y_2 - y_1}$$

Tatsächlich gestaltet sich die Konstruktion dieses Beispiels mittels eines **parametrischen CAD-Systems extrem einfach**, wenn zunächst die Konstruktion unmaßstäblich durchgeführt wird und anschließend die in der Zeichnung vorgegebenen Maßwerte eingesetzt werden. Die Berechnung der exakten Geometrie übernimmt dann das System.

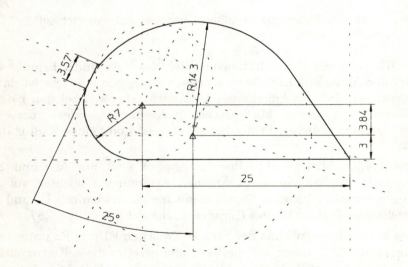

Abb. 6.4: Konstruktive Lösung mit Hilfsgeometrie

Abb. 6.4 zeigt eine konstruktive Lösung dieser Aufgabe unter dem Einsatz von Hilfsgeometrie. Die zugrundeliegenden Hilfskreise und Hilfslinien sind gestrichelt eingezeichnet.

6.2. Kinematische Analyse und Simulation

Die kinematische Analyse dient zum Studium des Bewegungsablaufs beim funktionellen Einsatz einer Konstruktion. Dabei werden die Bewegungen von Teilen und Baugruppen anhand des CAD-Modells simuliert. Eine in Wirklichkeit kontinuierlich stattfindende Bewegung wird bei dieser Simulation durch eine Folge von diskreten Zustandsschritten dargestellt. Das heißt, es ist für jeden dieser Zustände die Position der entsprechenden Teile zu bestimmen. Besonders häufig vorkommende Bewegungsabläufe beziehen sich dabei auf lineare Verschiebung oder Drehung von Teilen oder Baugruppen einer Konstruktion.

Die Darstellung einer Konstruktion in verschiedenen Bewegungszuständen läßt sich mit Hilfe der parametrischen Modellierung dadurch erreichen, daß die Position von bewegten Teilen durch variable Maße definiert wird. Eine sukzessive Berechnung von Varianten mit verschiedenen Maßwerten liefert dann eine Sequenz von Modelldarstellungen, welche die Konstruktion beim Bewegungsablauf in diskreten Zeitpunkten zeigt. Diese Vorgehensweise läßt sich sowohl auf zweidimensionale als auch auf dreidimensionale Modelle anwenden.

In Abb. 6.5 ist die Zeichnung eines Hebels für einen Exzenterantrieb dargestellt. Dabei sind charakteristische Maße, in denen sich beispielsweise die Hebel innerhalb einer Antriebsfamilie unterscheiden könnten, angegeben.

Zur kinematischen Analyse eines konkreten Exzenterantriebs wird zunächst die zugehörige Hebelvariante erzeugt. Abb. 6.6 zeigt eine Hebelvariante innerhalb eines Exzenterantriebs. Um nun Bewegungsabläufe einer solchen Konstruktion simulieren zu können, müssen entsprechende Fixpunkte festgelegt werden, die sich beim Bewegungsablauf nicht ändern. Typische Fixpunkte sind Mittelpunkte von Drehachsen und feste Aufhängungspunkte an Montageplatten bzw. am Gehäuse.

Im Beispiel des Exzenterhebels ist die Drehachse durch einen Fixpunkt charakterisiert, außerdem bleiben die Maße des Hebels fest. Bei der Simulation des Funktionsbetriebs kann der Hebel daher nur noch bestimmte Rotationsbewegungen ausführen. Bei der kinematischen Analyse sind nun für bestimmte Zeitpunkte die Drehlagen des Hebels für verschiedene Winkelstellungen des Antriebsbolzens zu erzeugen. Gleichzeitig sind dabei die zugehörigen Drehstellungen des angetriebenen Rades zu bestimmen.

6. Ausgewählte Anwendungs- und Konstruktionsbeispiele

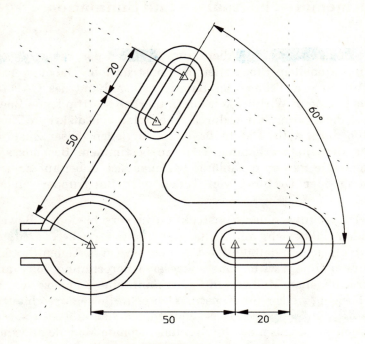

Abb. 6.5: Hebel für Exzenterantrieb

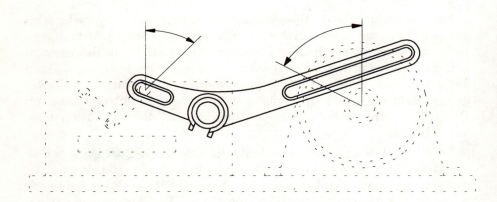

Abb. 6.6: Hebelvariante in Exzenterantrieb

6.2. Kinematische Analyse und Simulation

Im folgenden soll nun die grundlegende Vorgehensweise der kinematischen Analyse detaillierter betrachtet werden. Als konkretes Anwendungsbeispiel dient hierbei die Fadenführung einer Nähmaschine. Abb. 6.7 zeigt die dazugehörige Baugruppenzeichnung mit den festen Maßen für die Fadenführung.

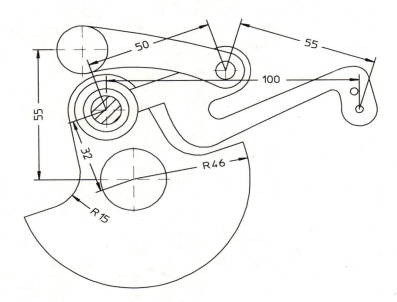

Abb. 6.7: Zeichnung mit festen Maßen

Beim Bewegungsvorgang im Nähbetrieb bleiben die einzelnen Teile der Fadenführungsbaugruppe in ihrer Größe unverändert, wohl aber verändert sich ihre räumliche Lage. Zur Analyse der einzelnen Bewegungsvorgänge kann zunächst von der Form der Einzelteile abstrahiert werden. Das grundlegende kinematische Modell reduziert sich dabei auf Fixpunkte und Hebel, die als Linien dargestellt sind.

Abb. 6.8 zeigt das zugehörige abstrahierte Kinematikmodell für die Fadenführungsbaugruppe. Der Hauptantrieb bei der Bewegung erfolgt dabei durch den Hebel mit der Länge L1, der sich kreisförmig um den mit einem Dreieck markierten zentralen Fixpunkt dreht. Die jeweilige Drehlage wird dabei durch den Winkel W1 festgelegt.

Gemeinsame Achsen von Hebeln werden in diesem Modell durch gemeinsame Endpunkte charakterisiert. Insgesamt beinhaltet dieses Modell vier Drehachsen, die mit den Punkten P1, P2, P3 und P4 bezeichnet sind. Mit Ausnahme der durch P1 repräsentierten Achse ändern sich die einzelnen Achspositionen beim Bewegungsablauf.

Während sich P2 im Abstand von L1 um den Punkt P1 bewegt, dreht sich P3 im Abstand R1 um P2. Die Bahn, die P3 beschreibt, wird entsprechend durch den Hilfskreis mit dem Radius R1 dargestellt. Analog ergibt sich eine Abhängigkeit der Drehbewegung zwischen P3 und P4. Sie wird durch den Hilfskreis mit Radius R2 gekennzeichnet. Schließlich bewegt sich die Fadenöse relativ zu P2 auf einer kreisförmigen Bahn mit dem Radius R4.

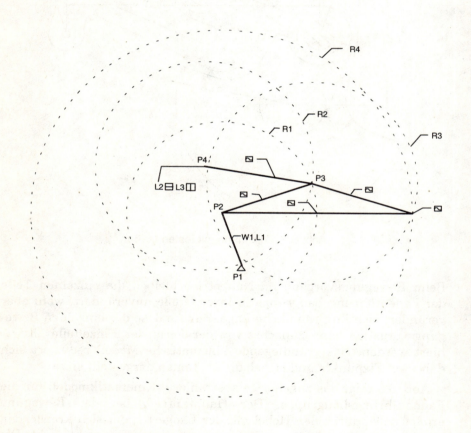

Abb. 6.8: Abstrahiertes Kinematikmodell

Zur Simulation des Bewegungsablaufs der Fadenöse beim Nähvorgang sind zugehörige Ausprägungsvarianten des Kinematikmodells für verschiedene Winkelstellungen, das heißt verschiedene Werte für W1 des Hauptantriebshebels zu evaluieren.

Um für den Betrachter einen annähernd kontinuierlichen Bewegungsvorgang in der Darstellung zu erreichen, ist es wichtig, daß die Berechnung der einzelnen Variante sehr schnell erfolgt.

Bei der Visualisierung des Simulationsvorgangs auf dem Bildschirm werden zweckmäßigerweise die einzelnen Hebel für den jeweils zugehörigen Winkel W1 dargestellt. Die sequentielle Anzeige der Bewegungszustände repräsentiert dann den dynamischen Vorgang. Bei entsprechend leistungsfähiger Graphikhardware können die Hebel statt in der abstrakten Form auch durch ihre Teilegeometrie dargestellt werden, was zu einer realistischen Darstellung der Bewegungssimulation führt.

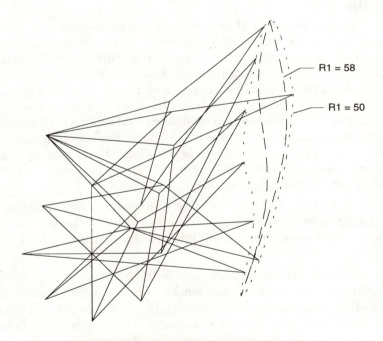

Abb. 6.9: Ergebnis für variierte Radien R1

Eine statische Repräsentation des Ergebnisses einer kinematischen Analyse kann dadurch erfolgen, daß die verschiedenen Bewegungspositionen überlagert dargestellt werden.

Abb. 6.9 zeigt dies für den Fadenführungsmechanismus in 45°-Schritten. Die Bewegungskurve der Fadenöse, die sich dabei punktweise ergibt, ist für den Fall, daß das Maß des Fadenführungshebels R1=58 ist, als punktierte Linie dargestellt. Zusätzlich ist die Bewegungskurve eingezeichnet, die sich für das Hebelmaß R1=50 ergibt.

6.3. Repräsentation von Teilefamilien

Aufgrund des international steigenden Wettbewerbsdrucks muß heute häufig eine breite Vielfalt von Produktausführungen angeboten werden, um die Anforderungen des Marktes möglichst weitgehend abzudecken [DaSch92].

Produktvarianten, die auf demselben Konstruktionsprinzip beruhen und sich lediglich in einer oder mehreren Abmessungen unterscheiden, werden als eine *Teilefamilie* bezeichnet. Unter dem Einsatz von parametrischer Modellierung muß für jede Teilefamilie lediglich eine Musterkonstruktion inklusive aller Restriktionen eingegeben werden. Die einzelnen Elemente der Teilefamilie können dann vom System unter Eingabe der zugehörigen Maßwerte automatisch erzeugt werden. Insbesondere, wenn viele verschiedene Maßausprägungen vorkommen, das heißt bei umfangreichen Teilefamilien, amortisiert sich der höhere Modellieraufwand, der durch die Berücksichtigung aller Restriktionen entsteht, sehr schnell.

Sofern Teile einer Teilefamilie nicht kundenspezifisch gefertigt werden, sind für diejenigen Maße, in denen sich die einzelnen Teile unterscheiden, üblicherweise nur eine beschränkte Anzahl von diskreten Maßwerten vorgesehen.

Abb. 6.10 zeigt als Beispiel für eine Teilefamilie einen Lagerbock. In der Zeichnung sind in der Frontansicht und in der Seitenansicht diejenigen Maße eingetragen, in denen sich die einzelnen Produktausführungen unterscheiden. Anstelle der Maßzahl sind dabei die Maße mit Variablen bezeichnet. In einer zugehörigen Wertetabelle sind dann die konkreten Maßwerte für die Teile eingetragen, die im Lieferspektrum vorgesehen sind. Im Beispiel des Lagerbocks sind dies fünf Ausführungen für verschiedene Durchmesser der aufzunehmenden Wellen. Je nach Aufnahmedurchmesser sind dabei bestimmte Maße für die Abstände der Befestigungsbohrungen, die Dicke der Montageplatte,

6.3. Repräsentation von Teilefamilien

die Höhe der Aufnahmebohrung und verschiedene weitere zugehörige Abmessungen vorgesehen.

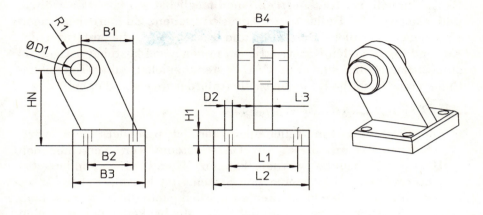

Aufnahme-durchmesser	L2	B3	D2	L1	B2	B1	B4	D1	R1	HN	H1	L3
320	240	180	25	169	120	150	120	45	54	210	40	30
250	204	161	20	150	110	130	110	40	44	160	35	30
200	163	132	15	121	90	105	90	30	36	135	30	30
160	157	124	14	118	88	97	90	28	36	110	25	30
125	125	90	10	95	60	70	70	25	33	90	20	30

Abb. 6.10: Beispiel für parametrisierte Teilefamilie und Wertetabelle

Bei dieser Darstellung handelt es sich offensichtlich nicht um eine Fertigungszeichnung, sondern um eine Produktbeschreibung in parametrischer Form, die beispielsweise in Verkaufsunterlagen Anwendung finden kann. Zur Verbesserung der Anschaulichkeit, insbesondere für nicht technisches Personal, bietet sich hier an, eine isometrische Ansicht als Linienzeichnung oder auch eine farbschattierte 3D-Darstellung mitaufzunehmen.

6.4. Parametrische Normteilbibliotheken

Es ist sinnvoll, bei Neukonstruktionen möglichst auf bereits bewährte und existierende Teillösungen zurückzugreifen. Zu berücksichtigen sind dabei vor allem Normteile und Katalogteile, die aufgrund der Anwendung in vielen Konstruktionen in der Regel kostengünstiger als eine Speziallösung sind. Für CAD-Systeme spielen daher Teilebibliotheken eine wichtige Rolle. Spezielle Anforderungen sind dabei:

- *Unabhängigkeit vom CAD-System*

    Die Erstellung von Teilebibliotheken ist besonders dann wirtschaftlich, wenn diese für CAD-Systeme von verschiedenen Herstellern benutzt werden können [Hor92]. Insbesondere bei Unternehmen, die verschiedene Systeme im Einsatz haben, ist es wichtig, daß Teilebibliotheken einheitlich gehandhabt werden können. Gefordert werden muß dabei die Möglichkeit einer zentralen Verwaltung und Freigabe.

- *Möglichkeit für firmenspezifische Anpassungen*

    Neben den definierten Merkmalen von Normteilen gibt es noch weitere Kriterien, die bei der Nutzung wichtig sind und in verschiedenen Unternehmen eine unterschiedliche Bedeutung haben können. So könnte bei einer Normschraube zum Beispiel die Materialbeschaffenheit, wie galvanisch verzinkt oder Edelstahlausführung, ein wichtiges Unterscheidungsmerkmal sein. In diesem Sinne sollten Teilebibliotheken firmenspezifisch erweiterbar sein.

    Auch eine Reduzierung der Ausprägungsvielfalt sollte möglich sein. Je nach Produktspektrum bietet sich die Möglichkeit an, nur ganz bestimmte Ausführungen zuzulassen, um zu einer größeren Einheitlichkeit zu gelangen. Der CAD-Anwender sollte von vornherein nur die firmenspezifisch vorgesehenen Varianten auswählen können.

- *Verfügbarkeit eines großen Anwendungspektrums*

    Um einen möglichst hohen Grad an standardisierten Teilen zu ermöglichen, sollten Teilebibliotheken für möglichst viele Anwendungen verfügbar sein. Beispiele sind Schrauben, Muttern, Scheiben, Paßstifte, Bolzen, Nieten, Wellen und Lager.

Durch die Nutzung von parametrischen Normteilen ergeben sich unmittelbar eine Reihe von Einsparungspotentialen [EvKa90,

6.4. Parametrische Normteilbibliotheken

EvKa91] und wichtigen Rationalisierungsmöglichkeiten wie zum Beispiel:

- eine Verkürzung der Durchlaufzeit in der Konstruktion
- eine Verringerung der Fertigungstiefe
- eine Erhöhung der Produktqualität durch Nutzung bewährter Teile
- eine Verringerung der Teilevielfalt und eine Reduktion des Teilezuwachses
- eine verbesserte Transparenz für die Disposition
- ein Preisvorteil durch größere Stückzahlen von einheitlichen Teilen

d	b	c	d_s	e	K	s	l
U1	U2	U3	U4	U5	U6	U7	U8
6	18	0,5	6	11	4	10	40
8	22	0,6	8	14	5,3	13	50

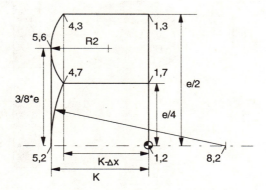

Abb. 6.11: Sechskantschraube als parametrisiertes Normteil.
Oben: Sachmerkmaltabelle. Unten: Zeichnung

Vom Verband der Deutschen Automobilindustrie (VDA) wurde eine standardisierte prozedurale Darstellung von Normteilen unter der Bezeichnung *VDA-PS* entwickelt. Die Spezifikation liegt als DIN-Norm vor und besteht aus DIN V 4000 Teil 100 für Sachmerkmale und DIN V 66 304 für Geometrieprogramme. Damit sind systemneutrale Bibliotheken möglich, die eine einheitliche Behandlung von nationalen und internationalen Normen, Werksnormen sowie Zukaufteilen unterstützen. Abb. 6.11 zeigt als Beispiel eine Sechskantschraube (nur den symmetrischen Teil) mit der zugehörigen Sachmerkmaltabelle. Zu beachten ist, daß in VDA-PS nur die Darstellung der Geometrie spezifiziert ist, nicht jedoch das zur Erläuterung gezeigte Bemaßungsschema.

Im praktischen Einsatz wird die Beschreibung der Normteile zentral in einer VDA-PS-Bibliothek gehalten. Zum Zugriff benötigen die jeweiligen CAD-Systeme eine entsprechende Schnittstelle, welche die VDA-PS-Darstellung in das interne Datenformat umwandelt (vgl. Abb. 6.12).

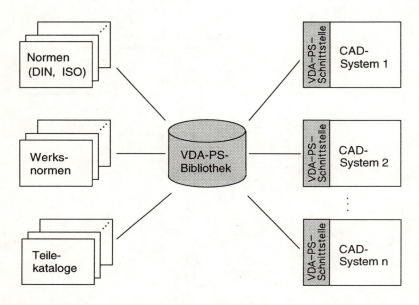

Abb. 6.12: Systemneutraler Ansatz für Normteilbibliotheken

Die systemneutrale Repräsentation der parametrisierten geometrischen Beschreibung erfolgt in VDA-PS durch eine FORTRAN-Schnittstelle. In Abb. 6.13 ist eine parametrische Beschreibung eines Sechskantschraubenkopfs in CAD-spezifischer Form (als HP-ME10-Makro) einer entsprechenden VDA-PS-Darstellung gegenübergestellt.

6.4. Parametrische Normteilbibliotheken

```
DEFINE SKT_Kopf
PARAMETER U5
PARAMETER U6
LOCAL Y3
LOCAL X4
LOCAL X5
LOCAL Y6
LOCAL Y7
LOCAL X8
LET Y3 (U5 / 2)
LET X4 (-U6+0, 043*U5)
LET X5 (-U6)
LET Y6 (3/8*U5)
LET Y7 (U5/4)
LET X8 (-U6+3/4*U5)
LINE POLYGONE
0,0  0,Y3  X4, Y3
ARC THREE_PTS
Y4, Y3  Y4, Y7  X5, Y5
ARC CEN_BEG_END
X8,0  X4, Y7  X5,0
LINE X5,0  X5,Y6
LINE 0,Y7  X4, Y7
END_DEFINE
```

```
SUBROUTINE SKTKOP (U5, U6)
Y3 = U5/2
X4 = (-U6+0,043*U5)
X5 = (-U6)
Y6 = (3/8*U5)
Y7 = (U5/4)
X8 = (-U6+3/4*U5)
KFIX= 0
P12 = PNTCAB (0,0,0,KFIX)
P13 = PNTCAB (0,Y3,0,KFIX)
P43 = PNTCAB (X4,Y3,0,KFIX)
P56 = PNTCAB (X5,Y6,0,KFIX)
P47 = PNTCAB (X4,Y7,0,KFIX)
P52 = PNTCAB (X5,0,0,KFIX)
P82 = PNTCAB (X8,0,0,KFIX)
P17 = PNTCAB (0,Y7,0,KFIX)
KFIX=1
L1 = LIN2PT (P12,P13,KFIX)
L2 = LIN2PT (P13,P43,KFIX)
L3 = ARC3PT (P43,P56,P47,KFIX)
R = 3/4*U4
L4 = ARCR2P (R,P47,P52,-1,KFIX)
L5 = LIN2PT (P52,P56,KFIX)
L6 = LIN2PT (P17,P47,KFIX)
```

Abb. 6.13: Beschreibung von parametrischer Sechskantschraube.
Links: als ME10-Makro. Rechts: als VDA-PS-Programm

Bisher kommen vorwiegend Bibliotheken von zweidimensionalen Geometriemodellen zum Einsatz [PPG94], jedoch ist eine Standardisierung für 3D-Bibliotheken in Vorbereitung, so daß in Zukunft vermehrt auch im 3D-CAD-Bereich systemneutrale Normteile eingesetzt werden können. Ein neutrales Austauschformat für komplette parametrische Zeichnungen (inklusive Vermaßung, Schraffuren, Texte und Symbole) und für parametrische 3D-Modelle wird im Rahmen von STEP erarbeitet (vgl. Kapitel 8.3).

Zur besonders effizienten Nutzung einer systemneutralen Teilebibliothek kann ein entsprechendes CAD-Modul noch weitergehende Funktionalität beinhalten. Ein Beispiel hierfür ist eine spezifische Unterstützung bei der Auswahl von Bibliotheksteilen. Im Fall einer Bibliothek von Lagern könnte die Nutzung in einer Konstruktion in folgenden Schritten ablaufen:

- *Auswahl eines Lagertyps*
  Zum Beispiel kann die Entscheidung für ein Rillenkugellager fallen.

- *Auswahl des Aufnahmedurchmessers*
  Die Wahl ergibt sich dabei unmittelbar aus der Aufnahme einer bestimmten Welle, zum Beispiel 8 mm.

- *Eingabe von technischen Parametern*
  Beispiele hierfür sind die maximale Drehzahl, die Betriebstemperatur und die geforderte Lebensdauer.

- *Automatische Vorauswahl*
  Entsprechend der angegebenen technischen Daten erfolgt vom System automatisch eine Zusammenstellung derjenigen Lager, die die spezifizierten Anforderungen erfüllen.

- *Selektion des konkreten Lagers*
  Aus der angezeigten Vorauswahl selektiert der Anwender nun das vom ihm bevorzugte Bauelement.

Ein noch weitergehender Ansatz besteht darin, daß nicht nur einzelne Normteile, sondern ganze Baugruppen abrufbar sind [Mad93]. Ein Beispiel hierfür ist eine Schraubverbindung, bestehend aus einer Sechskantschraube nach ISO 4018 M6 x 20, samt passendem Federring entsprechend DIN 127-A6.1, Unterlagscheibe nach DIN 125-6.4 und einer Sechskantmutter gemäß ISO 4032-M6.

Dabei könnte die Gewindelänge automatisch ermittelt werden, wenn der Benutzer die Achsposition der zu verschraubenden Konstruktionsteile identifiziert. Außerdem ist es hilfreich, wenn beim Einfügen in die Zeichnung verdeckte Kanten automatisch ausgeblendet bzw. wahlweise mit gestrichelten Linien dargestellt werden.

Neben der Einsparung dieser Routinetätigkeiten ergibt sich der Vorteil, daß eine Baugruppe in sich konsistent und vollständig ist. Das heißt, es werden Fehlerquellen eliminiert und gleichzeitig die Konstruktionszeit verkürzt.

6.5. Umsetzung konventionell erstellter Zeichnungen

Obgleich heute CAD-Systeme im industriellen Einsatz eine verhältnismäßig hohe Durchdringung erreicht haben, gibt es in den meisten Unternehmen noch enorme Bestände an konventionell erstellten Zeichnungen vor. Von besonderer Bedeutung sind dabei diejenigen Zeichnungen, die noch laufenden Änderungen unterliegen. Dies ist zum einen dann der Fall, wenn die entsprechenden Produkte weiterentwickelt werden, um zum Beispiel neuen Sicherheitsvorschriften gerecht zu werden oder um sie neuen Produktionsverfahren anzupassen. Zum anderen ist die Benutzung konventioneller Zeichnungen von Bedeutung, wenn bestimmte Konstruktionsteile in die Entwicklung neuer Produkte übernommen werden sollen.

Es besteht daher der Wunsch, solche konventionell erstellten Zeichnungen in eine CAD-gerechte Form zu überführen. Für Zeichnungen, die keine Änderungen mehr erfahren und lediglich noch zur Dokumentation benötigt werden, genügt eine schwächere Anforderung. Sie können über Scanner eingelesen werden und anschließend in elektronischer Form als Rasterbilder in einer Konstruktionsdatenbank verwaltet werden.

Wichtig ist in diesem Zusammenhang, beim Scan-Prozeß eine genügend große Auflösung zu wählen und die Kontrasteinstellung so vorzunehmen, daß einerseits die dünnsten Linien noch erfaßt werden und andererseits der Zeichnungshintergrund noch keine Schwärzung mit sich bringt. Aufgrund des durch die Digitalisierung entstehenden enormen Datenvolumens werden zweckmäßigerweise zur Speicherung Kompressionsalgorithmen eingesetzt [Rol93].

Im Gegensatz zu manchen anderen Anwendungen in der Computergraphik kommen hier nur Verfahren in Betracht, die verlustfrei arbeiten. Das heißt, die komprimiert gespeicherte Zeichnung muß nach der Dekomprimierung wieder die ursprüngliche Darstellungsqualität besitzen. In der Praxis lassen sich mit solchen Verfahren Speicherplatzreduzierungen bis auf etwa ein Zwanzigstel erreichen.

Die Kompression und Dekompression von gerasterten Zeichnungen benötigt eine nicht vernachlässigbare Rechnerleistung. Für die Kompression fällt diese jedoch nicht ins Gewicht, da dieser Aufwand für jede Zeichnung nur einmal anfällt. Kritisch hingegen ist die Dekomprimierung, die bei jedem Zeichnungsaufruf durchgeführt werden muß. Wenn eine besonders schnelle Anzeige von gescannten Zeichnungen, speziell im A0-Format, gefordert wird, kommt der Einsatz von spezieller Hardwareunterstützung zur Dekomprimierung in Betracht.

Die weitergehende Forderung, daß konventionell erstellte Zeichnungen nicht nur auf Bildschirmen zur Anzeige gebracht werden sollen, sondern mit CAD-Systemen weiterverarbeitet werden können, bedarf eines zusätzlichen Umsetzungsprozesses. Dieser gliedert sich typischerweise in fünf Verarbeitungsstufen:

1. *Rasterung der Vorlage und Digitalisierung*

    Die Erzeugung einer digitalen Beschreibung der Zeichnung erfolgt durch Nutzung eines Scanners. Dabei wird die Vorlage in ein bestimmtes Raster bzw. in einzelne diskrete kleine Flächenbereiche eingeteilt. Diese Teilflächen werden auch *Bildpunkte,* oder aus dem Englischen kommend, *Pixels* genannt.

    Für jeden solchen Bildpunkt wird sein mittlerer Schwärzungsgrad ermittelt und als sogenannter *Grauwert* gespeichert. Für die Umsetzung von technischen Zeichnungen reicht dabei die Einteilung in zwei verschiedene Werte, man spricht dann auch von einer Schwarzweißdarstellung.

    Geräte mit Auflösungen von 1200 Bildpunkten pro Zoll und mehr sind auch zum Scannen von A0-Vorlagen auf dem Markt verfügbar.

2. *Erkennen von geometrischen Figuren im Rasterbild*

    Hierbei sind zunächst geometrische Primitiva wie Strecken, Kreisbögen und Kreise herauszufiltern. Da diese Elemente bereits auf der manuell erstellten Originalvorlage nicht als absolut korrekte Geometrie vorliegen und zusätzlich bei der Rasterung noch systematische Fehler hinzukommen, müssen aus den Rasterdaten durch einen Mustererkennungsprozeß die jeweiligen geometrischen Primitiva klassifiziert werden (vgl. Abb. 6.14).

    Zum Einsatz kommen dabei sogenannte *lokale* und *globale Verarbeitungsverfahren* [RoSt93]. Bei lokalen Verfahren werden aus der sequentiellen Betrachtung der Bildpunkte die geometrischen Elemente gewonnen, während bei globalen Verfahren alle Bildpunkte gleichzeitig zum Ergebnis beitragen.

    Bei diesem Verfahrensschritt muß neben der geometrischen Form auch die Strichdicke erkannt werden, da diese in einer technischen Zeichnung einen wichtigen Informationsgehalt besitzt.

3. *Rekonstruktion der topologischen Struktur*

   Die aus den Rasterdaten gewonnenen geometrischen Elemente, die zunächst isoliert vorliegen, müssen nun so zusammengeführt werden, daß die topologische Struktur der Konstruktion wiederhergestellt ist. Dabei müssen insbesondere Konturen derart aufgebaut werden, daß die einzelnen Konturelemente, wie zum Beispiel Geradenabschnitte und Kreisbögen, gemeinsame Endpunkte besitzen.

4. *Separierung von Geometrie und Annotation*

   Da in CAD-Systemen im Gegensatz zu einfachen Graphikeditoren in der Datenstruktur zwischen Geometrie, Schraffur, Vermaßung, Symbolen und Texte unterschieden wird, müssen nun die bisher erkannten und zusammengefügten Elemente entsprechend klassifiziert werden.

   Diese Aufgabe gestaltet sich außerordentlich schwierig und läßt sich allenfalls durch eine umfassende Kontextbetrachtung lösen. Beispielsweise versagen herkömmliche OCR-Verfahren zur Herausfilterung von Texten und Maßzahlen, weil ohne Kontext etwa die Ziffer "0" oder der Buchstabe "O" nicht ohne weiteres von der Geometrie einer ovalen Aussparung zu unterscheiden sind.

5. *Transformation der Geometrie auf Maßhaltigkeit*

   Die manuell erstellten Originalzeichnungen weisen selbst im günstigen Fall nur eine Maßhaltigkeit von etwa einem Zehntel Millimeter auf. CAD-Modelle, die Geometrie für die Arbeitsvorbereitung liefern sollen, benötigen jedoch eine um zwei bis drei Größenordnungen höhere Genauigkeit. Das heißt, die bisher vorverarbeitete Zeichnung ist noch bezüglich ihrer Größenverhältnisse an die gegebenen Maßwerte anzupassen.

   Hierzu kommen die Methoden der parametrischen Modellierung zum Einsatz [Röm94]. Da die impliziten Restriktionen zunächst nicht gegeben sind, müssen sie durch einen Automatismus erzeugt werden. Die Evaluierung der korrekten Modellausprägung erfolgt dann mit einem Verfahren, das unabhängig von der Konstruktionsreihenfolge ist.

   Unter der Voraussetzung, daß im letzten Verfahrensschritt bereits die Annotation assoziativ zur Geometrie gespeichert wurde, liegt schließlich ein CAD-Modell vor, das uneingeschränkt weiterbenutzt werden kann.

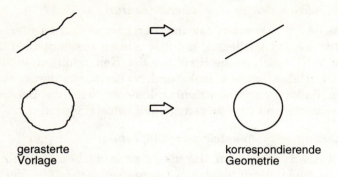

Abb. 6.14: Geometrieerkennung

Obwohl seit über 10 Jahren an der vollautomatischen Überführung von konventionell erstellten Zeichnungen in eine CAD-Form intensiv gearbeitet wird, haben Umsetzungsprogramme in der Praxis heute noch erhebliche Einschränkungen. Dies betrifft insbesondere den Bereich der Separierung zwischen Geometrie und Annotation sowie die Erkennung der vom Konstrukteur intendierten impliziten Restriktionen.

Für die Praxis bedeutet dies, daß die Umsetzung in der Regel nur halbautomatisch durchgeführt wird und dementsprechend einen manuellen Zusatzaufwand erfordert. Häufig werden auch bezüglich der Weiterverwertbarkeit Kompromisse eingegangen, indem auf eine Trennung zwischen Annotation und Bauteilgeometrie verzichtet wird. Bei Bedarf können dann im CAD-System immer noch Linien, die beispielsweise zu einer Bemaßung gehören, gelöscht werden und mit einer entsprechenden Bemaßungsfunktion CAD-gerecht wieder erzeugt werden.

7. Weitergehende Ansätze

Zur Steigerung der Effizienz von Anpassungs- und Variantenkonstruktionen gibt es neben der Unterstützung in Form von leistungsfähigen Modifikationsfunktionen und der parametrischen Modellierung von Maßvarianten verschiedene noch weitergehende Ansätze. Diese Ansätze sind zum Großteil noch Forschungsgegenstand, sie werden jedoch in Zukunft mehr und mehr die Leistungsfähigkeit von kommerziellen CAD-Systemen beeinflussen.

Einer dieser Ansätze besteht darin, neben Maßvarianten auch allgemeine Strukturvarianten von Modellen einzubeziehen. Eine weitere Methode betrifft die Modellierung von Toleranzen und damit die Möglichkeit einer Analyse und Auswertung von Konstruktionen hinsichtlich der definierten Toleranzen. Von besonderer Bedeutung in zukünftigen CAD-Systemen ist die Verwendung sogenannter Form Features bei der Konstruktion. Diese eröffnen eine neue Dimension bei der Unterstützung durch CAD, indem sie einerseits eine Basis für intelligente Konstruktionsunterstützung bilden und andererseits eine wesentlich weitergehende Integration mit subsequenten bzw. parallelen Applikationen ermöglichen.

In den folgenden Unterkapiteln werden diese weitergehenden Modellieransätze hinsichtlich ihrer Realisierungsgrundlagen und ihrer Anwendungsmöglichkeiten vorgestellt.

7.1. Modellierung von Strukturvarianten

Neben Konstruktionsanpassungen, die sich lediglich auf verschiedene Abmaße innerhalb einer Konstruktion beziehen, liegen in der Praxis auch häufig Aufgabenstellungen vor, die eine Anpassung einer gegebenen Konstruktion hinsichtlich des strukturellen Aufbaus betreffen. Das heißt, neben der Änderung von Größenverhältnissen von geometrischen Elementen ändert sich auch die Topologie eines Modells. Folgende beispielhafte Aufgabenstellungen sollen diesen Sachverhalt veranschaulichen:

1. Zu konstruieren sei eine Transportbandanlage mit variabler Länge für Anwendungen in automatischen Fertigungsstraßen. Aufbauend auf einer bestimmten Grundkonstruktion, sollen dabei je nach gewählter Transportbandlänge die Anzahl und Position der Fußstützen sowie der Antriebsmotoren variieren.
2. Zu konstruieren sei eine Familie von Montagetischen, die abgestuft in verschiedenen Tiefen und Breiten angeboten werden sollen. Je nach Grundfläche und vorgegebener Belastbarkeit des Montagetischs sollen dabei die Dicke der Tischplatte sowie die Anzahl und Position von standardmäßig zu verwendenden Tischfüßen variieren.
3. Für Kühlanlagen verschiedener Leistungen soll ein Lüfteraggregat entwickelt werden. Die Form der einzelnen Lüfterflügel wird entsprechend dem einschlägigem Know-how in der Konstruktionsabteilung gewählt. Die Größe und Anzahl der Lüfterflügel sowie der Achsdurchmesser und die Wandstärke der Halterung sollen entsprechend der Leistung des Kühlaggregats variieren.

Sehr häufig beziehen sich die zu konstruierenden Strukturvarianten auf eine Anordnung einer variablen Anzahl von Konstruktionselementen. Typische Anordnungsschemata sind dabei:

- eine lineare Aneinanderreihung
- eine matrixförmige Anordnung
- eine zirkulare Verteilung

Abb. 7.1 zeigt einfache Beispiele, die das Wesentliche bei derartigen Topologievarianten veranschaulichen sollen. Das Beispiel für eine lineare Anordnung bezieht sich auf die Darstellung einer Spiralfeder, die je nach Konstruktionsausprägung eine bestimmte Anzahl von Windungen aufweist. In der Mitte der Abbildung sind zwei Varianten von matrixförmig angeordneten Bohrungen in einer Grundplatte dargestellt. Als Beispiel für verschiedene zirkulare Anordnungen von multiplen Elementen sind im unteren Teil der Abbildung Gewindebohrungen gezeigt, die sich in der Anzahl und in dem Winkel bezüglich des Symmetriepunkts der kreisförmigen Anordnungen unterscheiden.

7.1. Modellierung von Strukturvarianten

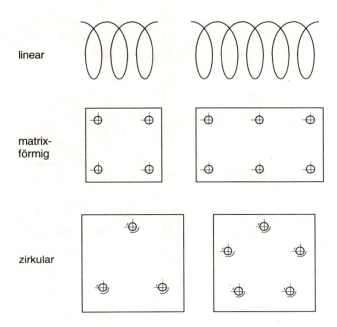

Abb. 7.1: Beispiele für Anordnungen von multiplen Elementegruppen

Ein Lösungsansatz zur Handhabung solcher Strukturvarianten besteht in der Benutzung von parametrisierten Replikationsbefehlen [Rol91]. Abb. 7.2 zeigt in Blockdiagrammform, wie ein entsprechendes Parametriksystem aufgebaut sein kann [Rol94b]. Die Konstruktionsbefehle gliedern sich dabei in:

1. Standardbefehle
2. Replikationsbefehle

Sowohl die Standardbefehle als auch die Replikationsbefehle zerfallen weiter in Gruppen von Befehlen, die assoziierte implizite Restriktionen bewirken und solche, die keine impliziten Restriktionen nach sich ziehen. Analog zu der in Kapitel 5.5 eingeführten generativen Methode stehen für Standardbefehle die Modi *fest*, *variabel* und *flexibel* zur Verfügung.

Replikationsbefehle dienen zur mehrfachen Erzeugung von geometrischen Elementen. Auch für diese Klasse von Befehlen steht eine Auswahl verschiedener Modi zur Verfügung. Es handelt sich hierbei um die Modi *fest* und *variabel*; sie beziehen sich auf die Position und die Anzahl der Wiederholungen der zu erzeugenden geometrischen Elemente.

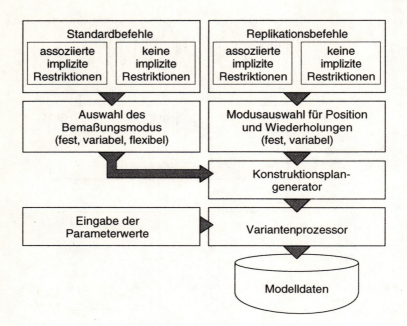

Abb. 7.2: Blockdiagramm für Systembeispiel

Aus der Sequenz von eingegebenen Standardbefehlen und Replikationsbefehlen beim Aufbau einer Konstruktion wird von einem Konstruktionsplangenerator ein zugehöriger Konstruktionsplan erzeugt. Dieser enthält, wie bereits in Kapitel 5.5 ausgeführt, eine Darstellung des Konstruktionsaufbaus, wobei als Parameter Maßvariable und Wiederholungsvariable vorkommen können.

Die Evaluierung einer Variante erfolgt schließlich durch Abarbeitung des Konstruktionsplans unter Berücksichtigung aktuell eingegebener Parameterwerte.

Beispiele für Replikationsbefehle sind:

- *MOVE_HORIZONTAL*

  Dieser Befehl generiert mehrfache Kopien einer ausgewählten Menge von geometrischen Elementen, wobei die erzeugten Kopien in horizontaler Richtung mit bestimmten Abständen untereinander plaziert werden.

7.1. Modellierung von Strukturvarianten

- **MOVE_VERTICAL**

  In analoger Weise erzeugt dieser Befehl mehrfache Kopien von ausgewählten geometrischen Elementen in vertikaler Richtung.

- **SCALE**

  Hiermit werden mehrfache skalierte Kopien ausgewählter geometrischer Elemente erzeugt. Die Skalierungen der Elementegruppen können dabei unterschiedlich sein. Die Plazierung der Kopien erfolgt an spezifizierten Positionen.

- **ROTATE**

  Dieser Befehl generiert eine multiple Anzahl von Kopien einer ausgewählten Menge von parametrischen Elementen und plaziert die Kopien in einer zirkularen Anordnung mit bestimmten Winkeln und Abständen von einem Mittelpunkt.

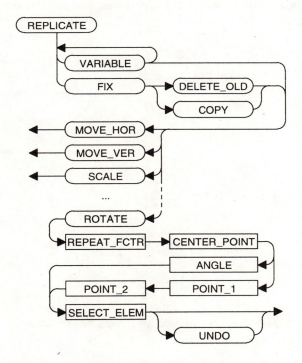

Abb. 7.3: Syntaxdiagramm für Replikationsbefehl ROTATE

Abb. 7.3 zeigt in Form eines Syntaxdiagramms eine Möglichkeit für den strukturellen Aufbau von Replikationsbefehlen, wobei exemplarisch der Befehl ROTATE detailliert dargestellt wird. Die abgerundeten Umrahmungen bedeuten dabei die Auswahl eines Befehls oder die Auswahl einer Durchführungsoption für einen Befehl. Mit Rechtecken ist die Eingabe von Werten bzw. Parametern für einen Befehl bezeichnet.

Die Vorgehensweise der parametrischen Konstruktion mit Maß und Replikationsparameter nach diesem Verfahren wird im folgenden an einem konkreten Konstruktionsbeispiel erläutert. Es handelt sich dabei um eine kreisförmige Lochscheibe mit einer axialen Bohrung und einer variablen Anzahl von zirkular angeordneten Aussparungen, die durch eine parametrische Konturbeschreibung charakterisiert sind. Außerdem soll sowohl der Gesamtdurchmesser der Scheibe als auch der axiale Lochdurchmesser als Parameter definiert werden.

Abb. 7.4 zeigt die ersten Schritte dieser Beispielkonstruktion, wobei auf die bereits früher definierte Symbolik für Restriktionen zurückgegriffen wird.

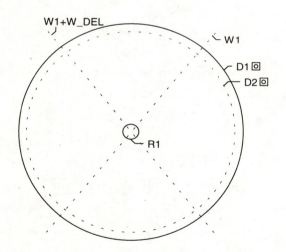

Abb. 7.4: Lochscheibe als Beispielkonstruktion

Als erstes werden zwei konzentrische Kreise mit den Radien R1 und D1 eingegeben, wobei der innere Kreis die axiale Bohrung und der äußere die Berandungskontur der gesamten Lochscheibe darstellt. D1

7.1. Modellierung von Strukturvarianten

wurde als Bezeichner gewählt, um auszudrücken, daß es sich nicht um einen einfachen Radius, sondern um eine bestimmte Distanz zum bezogenen Kreismittelpunkt handelt.

Zur Vorbereitung der Konturen der inneren Aussparungen, von denen eine vor der Anwendung des entsprechenden Replikationsbefehls eingegeben werden muß, dient eine Hilfskonstruktion. Wie in Abb. 7.4 gezeigt, wird hierzu als äußere Begrenzung ein Hilfskreis mit dem Radius D2 konzentrisch zur Achsbohrung sowie ein Hilfslinienpaar, das den Winkel W_DEL einschließt, konstruiert.

Nun werden an die drei sich ergebenden Schnittpunkte dieser Hilfsgeometrie drei tangentiale Hilfskreise eingegeben, von denen zwei davon, wie in Abb. 7.5 gezeigt, den variablen Radius R2 erhalten und der dritte das variable Maß R3.

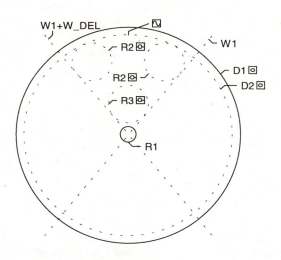

Abb. 7.5: Hilfskonstruktion für Aussparung

Die Kontur einer inneren Aussparung ergibt sich dann als Sequenz von flexiblen Linien bzw. Kreisbögen, die jeweils durch Schnittpunkte und Tangentialpunkte der Hilfskonstruktion bestimmt sind (vgl. Abb. 7.6). Diese Konturelemente werden jetzt ausgewählt und dem Replikationsbefehl ROTATE unterzogen. Zur Ausführung dieses Befehls dienen folgende Eingaben:

- REPLICATE
- VARIABLE
- ROTATE
- Attribute: Wiederholungsfaktor N1, Drehmittelpunkt, Drehwinkel RW1, identifizierte Konturelemente

Damit ist die Konstruktion abgeschlossen. Folgende Parameter stehen nun zur Generierung von Varianten zur Verfügung:

1. Maßparameter: R1, R2, R3, D1, D2, W1, W_DEL
2. Strukturparameter: N1, RW1

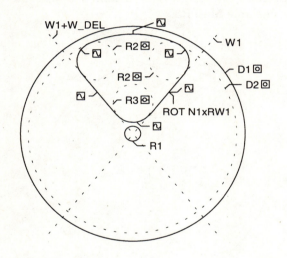

Abb. 7.6: Aussparungskontur mit variabler Replikationsdefinition

Abb. 7.7 und Abb. 8.8 zeigen zwei Varianten der Lochscheibe mit gleichem Außendurchmesser, jedoch unterschiedlicher Anzahl und Größe der Aussparungen und verschiedener Achsdurchmesser.

7.1. Modellierung von Strukturvarianten

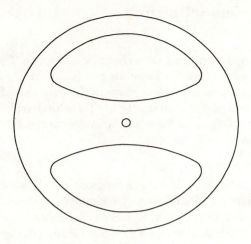

Abb. 7.7: Konstruktionsvariante mit zwei Aussparungen

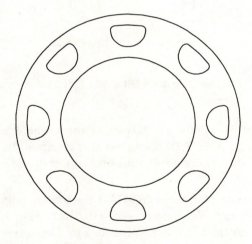

Abb. 7.8: Konstruktionsvariante mit acht Aussparungen

7.2. Toleranzmodellierung

Jedes Herstellungsverfahren unterliegt bestimmten Toleranzen. Es ist in der Praxis nicht möglich, Teile zu produzieren, die exakt vorgegebenen Maßen entsprechen. Aus diesem Grund spezifiziert der Konstrukteur bestimmte Toleranzen bzw. Toleranzbereiche. Man unterscheidet dabei zwischen Lage- und Formtoleranz, Oberflächentoleranz und Maßtoleranz.

- *Lagetoleranz*
  Sie betrifft die Spezifikationsgenauigkeit der Position von bestimmten geometrischen Elementen. In Konstruktionszeichnungen werden Lagetoleranzen durch Symbole dargestellt, die über dünne Hinweislinien mit der entsprechenden Geometrie verbunden sind.

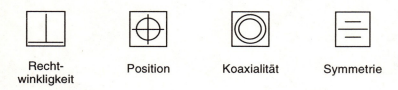

Abb. 7.9: Symbole nach DIN 7184 für Lagetoleranzen

Abb. 7.9 zeigt Beispiele für Lagetoleranzsymbole nach DIN 7184. Außerdem ist in Abb. 7.10 als konkretes Beispiel die Toleranzspezifikation für die Koaxialität anhand einer Wellenkonstruktion gezeigt.

Für Lagetoleranz sollten in 3D-CAD-Systemen folgende drei Referenzelemente zur Verfügung stehen [RaFr88]: Referenzebenen, Referenzachsen und Referenzpunkte. Zur Definition von Referenzelementen sind verschiedene Methoden zweckmäßig. Eine Referenzebene sollte zum Beispiel wahlweise durch drei Punkte oder durch eine zur Ebene normale Achse definierbar sein.

7.2. Toleranzmodellierung

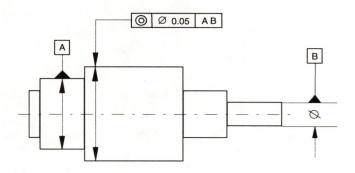

Abb. 7.10: Beispiel für Koaxialität als Lagetoleranz

- *Formtoleranz*

  Diese Toleranzart betrifft die Formtreue von geometrischen Bereichen, zum Beispiel wie eben eine Fläche ist oder wie rund ein Loch ist. Auch für die Formtoleranz sind nach DIN 7184 spezielle Symbole definiert, die auszugsweise in Abb. 7.11 gezeigt sind.

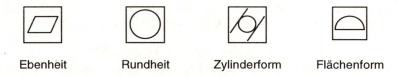

Ebenheit   Rundheit   Zylinderform   Flächenform

Abb. 7.11: Symbole nach DIN 7184 für Formtoleranzen

- *Oberflächentoleranz*

  Die Oberflächentoleranz spezifiziert die Beschaffenheit der Oberfläche eines Werkstücks. Dies erfolgt durch Angabe eine allgemeinen Rauheitswerts oder durch die Festlegung einer bestimmten Bearbeitungsart wie zum Beispiel Feinschleifen. Auch hierfür sind nach DIN 7184 bestimmte Toleranzsymbole festgelegt. Abb. 7.12 zeigt beispielhaft einige dieser Symbole.

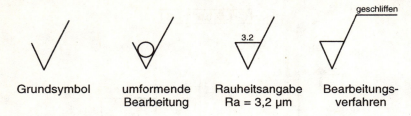

Abb. 7.12: Symbole nach DIN 7184 für Oberflächentoleranzen

- *Maßtoleranz*

    Diese Toleranz betrifft erlaubte Abweichungen von Längen-, Abstands-, Winkel-, Radius- und Durchmesserangaben. Sie werden üblicherweise hinter der Maßzahl angegeben. Abb. 7.13 zeigt dies in der Form einer symmetrischen Toleranzangabe.

    Andere Möglichkeiten zur Notierung von Maßtoleranzen sind die Angabe von jeweils einem positiven und einem negativen Abweichungswert oder die Angabe der maximalen und minimalen Abmessungen anstelle des Nominalwerts. Sofern für bestimmte Maße keine Toleranzangaben explizit gemacht werden, gilt eine allgemeine Toleranz, die üblicherweise für eine Zeichnung im Zeichnungskopf angegeben ist.

Mit der Vergabe von Toleranzen legt der Konstrukteur in einem sehr weitgehendem Maß die Fertigungskosten fest. Außerdem haben Toleranzen einen starken Einfluß auf die Zuverlässigkeit, die Haltbarkeit und die Funktion von Produkten. Der Toleranzangabe kommt daher eine besonders wichtige Bedeutung innerhalb der Konstruktion zu [Req77].

Aus Kostengründen ist es sehr wichtig, Toleranzen nur so klein wie nötig zu spezifizieren. Ein besonderes Problem ergibt sich dadurch, daß der Konstrukteur in erster Linie aus funktionaler Sicht Toleranzen für bestimmte Maße vergibt, während für die Arbeitsplanung oder die Qualitätssicherung eventuell die Toleranz von anderen Maßen benötigt wird.

7.2. Toleranzmodellierung

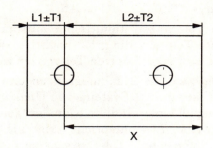

Abb. 7.13: Beispiel für einfache Maßtoleranz

Im Fall des in Abb. 7.13 gezeigten Beispiels ergibt sich das Maß X mit seiner Toleranz unmittelbar als

$X = L2 \pm T2$

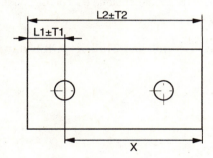

Abb. 7.14: Beispiel für implizite Maßtoleranz

Bei der Vermaßung des Beispiels in Abb. 7.14 summieren sich im Extremfall die Toleranzen T1 und T2 positiv oder negativ. X ergibt sich zu

$X = (L2 - L1) \pm (T1 + T2)$

Bei vielen verketteten Toleranzen wird jedoch in der Praxis zu erwarten sein, daß sich Toleranzen zumindest teilweise aufheben. Bei der Toleranzanalyse [HiBr78a, HiBr78b] unterscheidet man die beiden Methoden *Worst Case Analysis* und *Root Sum Square Analysis*, die im folgenden näher erläutert werden:

1. *Worst Case Analysis*

   Hierbei werden Toleranzen unmittelbar aufsummiert, so daß sich für eine gesuchte Toleranz die größtmöglichen Werte ergeben, die aufgrund der explizit spezifizierten Toleranzen möglich sind.

   Allgemein lassen sich die Maximalgrenzen einer gesuchten Toleranz durch die Lösung eines Systems von Ungleichungen ermitteln. Dies soll am Beispiel einer eindimensionalen Toleranzkette, die der Konstruktion in Abb. 7.14 entspricht, erläutert werden. Abb. 7.15 zeigt dieses eindimensionale Toleranzschema mit den entsprechenden relevanten Koordinaten x_1, x_2 und x_3.

   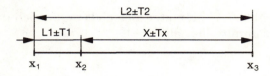

   Abb. 7.15: Eindimensionales Toleranzschema

   Für die Toleranz Tx und das Maß X gelten dann folgende Ungleichungen.

   $x_2 - x_1 < L1 + T1$
   $x_2 - x_1 > L1 - T1$
   $x_3 - x_2 < X + Tx$
   $x_3 - x_2 > X - Tx$
   $x_3 - x_1 < L2 + T2$
   $x_3 - x_1 > L2 - T2$

   Ein solches System von Ungleichungen zu lösen heißt soviel wie zu bestimmen, innerhalb welcher Grenzen sich die unbekannten Größen bewegen dürfen, damit alle Ungleichungen des Systems richtig bleiben. Dies kann durch eine algebraische Umformung oder mittels bekannter Verfahren aus der numerischen Mathematik, beispielsweise der Simplexmethode, erfolgen.

2. *Root Sum Square Analysis*

   Bei der Root Sum Square Analysis wird die einfache statistische Summe ermittelt. Das heißt, es wird davon ausgegangen, daß die einzelnen Toleranzen sich entsprechend einer Normalverteilung

7.2. Toleranzmodellierung

verhalten. Für das Beispiel in Abb. 7.14 ergibt sich die Toleranz als statistische Summe nach

$$X = (L2 - L1) \pm \sqrt{T1^2 + T2^2}$$

Das bedeutet, daß die zu erwartende Toleranz bei den meisten gefertigten Teilen in diesem Bereich liegt.

Für zwei- und dreidimensionale Toleranzstrukturen gestaltet sich die mathematische Handhabung etwas komplexer. Hierbei werden die Toleranzen von Punkten im wesentlichen über verkettete Transformationsmatrizen dargestellt [RFM94].

Aus parametrischen Modellen lassen sich, unter Berücksichtigung von oberen bzw. unteren Maßgrenzen anstelle der Nominalwerte, Maximal- und Minimalausprägungen von Konstruktionen erzeugen.

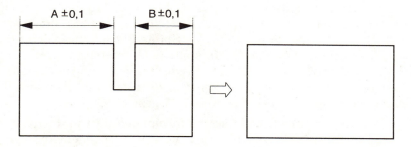

Abb. 7.16: Beispiel für potentielle Topologiebeeinflussung durch Toleranzen

Eine spezielle Problematik entsteht unter anderem dadurch, daß in bestimmten Konstellationen sich die Topologie eines Modells ändern kann. Abb. 7.16 zeigt dies an einem einfachen prismatischen Beispiel mit einer Nut. Bei bestimmten Größenverhältnissen und Toleranzwerten kann dabei die Nut verschwinden.

Solche Fälle führen in einem CAD-System bei der Erzeugung einer maximalen oder minimalen Modellausprägung dann zu Schwierigkeiten, wenn der Evaluierungsprozeß auf Elemente trifft, die nur durch bestimmte Toleranzwerte und nicht durch Modellieroperationen verschwunden sind.

Ein großer Vorteil besteht jedoch darin, daß mit toleranzspezifischen Modellausprägungen eine Simulation bzw. Analyse der Konstruktion unter Berücksichtigung der Fertigungstoleranzen durchgeführt werden kann [SoTu94]. Auf diese Weise lassen sich verschiedene potentielle Fehler noch vor der im allgemeinen relativ aufwendigen Prototyperstellung korrigieren.

7.3. Parametrische Form Features

Alle bisher betrachteten Modelliertechniken hatten stets das Ziel, eine geometrische Beschreibung eines zu konstruierenden Objekts zu liefern. Daraus resultieren große Einschränkungen bezüglich der automatischen Weiterverarbeitung der Konstruktionsdaten in nachgelagerten Arbeitsbereichen, in denen die Geometrie zu interpretieren ist und somit eine ganz bestimmte Bedeutung hat.

Dem Konstrukteur geht es bei seiner Arbeit im wesentlichen darum, eine festgelegte Funktion zu erfüllen. Für ihn hat die angegebene Geometrie eine bestimmte Bedeutung. Beispielsweise kann die geometrische Beschreibung in Form einer Spline-Fläche die Verrundung einer gekrümmten Oberkante darstellen. Geometrische Teile eines Gesamtmodells, die innerhalb des Produktentwicklungsprozesses als Einheit relevant sind, werden *Form Features* genannt. Typische Beispiele für Form Features sind in Abb. 7.17 gezeigt [Cam80].

Der Begriff Feature ist nicht streng formal definiert und wird in der Literatur auch nicht ganz einheitlich verwendet. Allgemein wird im Kontext von CAD unter dem Begriff Feature jedoch ein bestimmter Aspekt einer Konstruktion zusammen mit seiner Bedeutung verstanden [Fau86, KKR92].

Eine präzisere Definition lautet wie folgt:

Als Form Feature bezeichnet man eine häufig anwendbare, zur Benennbarkeit gewonnene Konstruktionsidee von prägend formgebender Kraft, die als Metapher zur Beschreibung entweder eines als in sich abgeschlossenen gedachten formgebenden Prozesses dient, der an einem Konstruktionsobjekt oder einem Teil desselben wirkt, oder aber einer als elementar angesehenen Zweckbestimmung, die mit einer als einheitlich rezipierten Gestaltung der Form verknüpft ist.

Im ersten Fall denkt man dabei häufig an einen real ausführbaren oder abstrakt vorstellbaren Bearbeitungsvorgang an einem Konstruktionsobjekt wie beispielsweise das Verrunden einer Kante, im zweiten Fall an Konstruktionsdetails etwa im Rang von selbständigen oder unselbständigen Maschinenelemente wie Nabe oder Bohrung.

7.3. Parametrische Form Features

Neben Form Features sind auch beispielsweise

- Material Features und
- Tolerance Features

von Interesse [CuDi88]. In bezug auf verschiedene Entwicklungsphasen wird zwischen folgenden Features unterschieden:

- Design Features
- Planning Features
- Quality Assurance Features

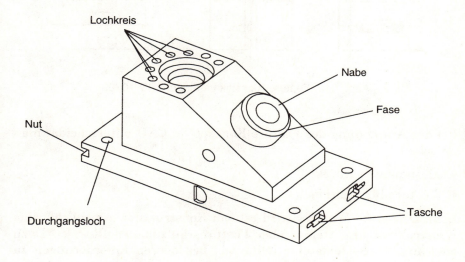

Abb. 7.17: Beispiele für Form Features

Im internationalen Standard für Produktdatenaustausch STEP sind Form Features als Partialmodell einer Produktmodellspezifikation definiert und in ISO 10303-Part 48 beschrieben. Dort wird zwischen expliziten und impliziten Form Features unterschieden. Explizite Form Features repräsentieren einen Teils des Körpervolumens einer Konstruktion, während implizite Form Features zwar ebenfalls Teile der Form eines Konstruktionsmodells charakterisieren, jedoch in Form von räumlichen Aussparungen. Abb. 7.18 demonstriert diese Klassifikation anhand von Beispielen.

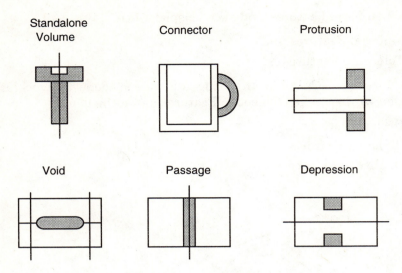

Abb. 7.18: Feature-Klassifikation nach ISO 10303

Bei der Anwendung des Feature-Konzepts in CAD unterscheidet man zwischen

- Design by Features
- Feature Recognition

Beim *Design by Features* wird es dem Konstrukteur ermöglicht, eine Konstruktion unmittelbar über Features aufzubauen [Rol89c]. Dazu sind an CAD-Systeme eine Reihe von besonderen Anforderungen zu stellen:

1. Für spezielle Anwendungsbereiche wie beispielsweise Blechkonstruktion, Formenbau usw. müssen vorgefertigte Bibliotheken von Formelementen zur Verfügung stehen. Ähnlich wie bei Normteilen ist es sinnvoll, bestimmte Standard-Features firmenübergreifend zu entwickeln.

2. Form Features müssen vom Benutzer interaktiv erstellbar sein, um neben den branchenüblichen Features, die in kommerziellen Bibliotheken vorhanden sind, auch unternehmensspezifische Form Features aufzubauen.

3. Da Form Features sich typischerweise in ihren Abmaßen und auch in der Anzahl von Ausprägungen bestimmter Merkmale unterscheiden können, sollte sinnvollerweise die Repräsentation in parametrischer Form erfolgen. Beispielsweise kann ein Form-

7.3. Parametrische Form Features

Feature *Lochkranz* aus einer variablen Anzahl von Bohrlöchern bestehen und verschiedene Bohrungsdurchmesser als Ausprägung enthalten.

4. Es müssen leistungsfähige Modifikationsmöglichkeiten für Form Features innerhalb einer Konstruktion zur Verfügung stehen. Beispiele für entsprechende Befehle sind MOVE, ROTATE oder DELETE.

Während das Löschen bei konventionellen CAD-Ansätzen im wesentlichen trivial ist, stellt das Löschen von Features durchaus ein Problem dar. Abb. 7.19 zeigt dies an einem einfachen Beispiel. Wenn die Konstruktionsreihenfolge in der Datenstruktur mit aufgezeichnet wird (CSG), bietet sich als natürliche Lösung an, den Zustand vor der Erzeugung des Features wieder herzustellen. In einer reinen B-rep-Darstellung sind spezielle Entscheidungsalgorithmen notwendig.

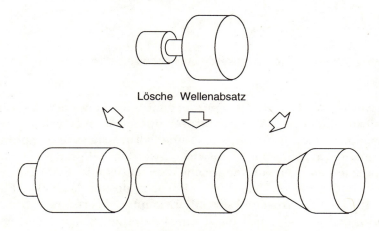

Abb. 7.19: Beispiel für Löschen eines Features

Eine Möglichkeit für eine benutzerspezifische Feature-Definition ist die Identifikation einer Gruppe von Flächen (Face Sets) durch spezielle Selektionsbefehle. Beispiele für solche Befehle sind:

- FACE_SET_BY_POSITION (Auswahl aller Flächen, die an einem bestimmten Punkt zusammentreffen)
- FACE_SET_BY_TYPE (Auswahl aller Flächen eines bestimmten Typs, wie zum Beispiel alle Zylinderflächen oder alle Verrundungsflächen)

- FACE_SET_BY_PARAMETER (Auswahl aller Flächen, die einen gemeinsamen Parameterwert haben, zum Beispiel alle Zylinderflächen mit einem bestimmten Radius)

Abb. 7.20 zeigt eine Modifikation einer Konstruktion über ein benutzerspezifiziertes Form Feature. In diesem Fall wurde die vordere Fläche der Grundplatte samt ihrer innen angrenzenden Teilflächen als Form Feature zusammengefaßt.

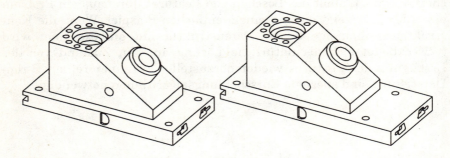

Abb. 7.20: Beispiel für Modifikation über benutzerdefiniertes Form Feature

Beim Ansatz des *Feature Recognition* geht es darum, Form Features in konventionellen CAD-Datenstrukturen automatisch zu erkennen. Dies ist besonders dann hilfreich, wenn eine feature-basierte Kopplung mit subsequenten Applikationen entwickelt werden soll, in die bestehende, im allgemeinen sehr umfangreiche konventionelle CAD-Datensätze mit einfließen sollen [AnFa90, DoWo90, Jos90, WaKi94, FiAn94, LeSo94]. Hierzu wurden sowohl Erkennungsverfahren für CSG-Modelle [LeFu87] als auch für B-rep-Darstellungen [HeAn84] entwickelt. Die Hauptprobleme bei der Feature Recognition sind:

1. Die Erkennung eines umfassenden Satzes von Form-Feature-Typen
2. Die Verarbeitungsgeschwindigkeit bei der Feature-Erkennung

Auch im Zusammenhang mit Feature-based Design spielt Feature Recognition eine wichtige Rolle [MFGO94]. Dies rührt daher, daß in verschiedenen Produktentwicklungsabschnitten verschiedene Arten von Form Features wichtig sind. Während der CAD-Benutzer seine Konstruktion beispielsweise über funktional orientierte Form Features aufbaut, können für den FEM-Spezialisten oder den Arbeitsplaner andere Features von Bedeutung sein. Das heißt, es besteht die Anforderung, daß Form Features, die aus einem bestimmten Blickwinkel heraus definiert wurden, in ein Feature-Modell für eine andere Anwendung überführt werden. Außerdem soll die Möglichkeit vorgesehen werden, nicht explizit erfaßte Form Features im nachhinein durch eine automatische Feature-Erkennung zu ergänzen.

Der interessierte Leser findet in [Pra93] eine Übersicht über verschiedene Methoden zur automatischen Feature-Erkennung. Ein Beispiel für einen regelbasierten Ansatz nach [HeAn84] ist die Definition einer zylindrischen Bohrung durch folgende Regel:

WENN eine Flächenaussparung mit kreisförmiger Berandung existiert
UND   eine konkave zylindrische Fläche an diese angrenzt
UND   eine gültige Bodenfläche an die Zylinderfläche angrenzt,
DANN definieren die Aussparung, die zylindrische Fläche und die Bodenfläche eine zylindrische Bohrung.

Mit der Repräsentation von Form Features in CAD werden Konstruktionen noch umfassender beschrieben. Form Features werden daher im folgenden ausschließlich unter dem Aspekt der Volumenmodellierung betrachtet [Sha88, PrWi85], da alle anderen CAD-Modelle nicht einmal die Geometrie vollständig repräsentieren. Grundsätzlich ließen sich Form Features als semantische Einheiten einer Konstruktion in einer separaten Datenstruktur repräsentieren. Folgende Gründe sprechen jedoch für eine Integration in die CAD-Datenstruktur:

1. Beim Design by Features ist eine Interaktion zwischen dem Volumenmodell und dem Feature-Modell erforderlich. Eine enge Integration ist daher aus Gründen des Rechenaufwands für ein interaktives Verhalten wichtig.
2. Eine integrierte Repräsentation erfordert deutlich weniger Speicherplatz. Wie noch gezeigt werden wird, lassen sich dann Form Features im wesentlichen über Zeiger realisieren.
3. Viele subsequente Anwendungen, die auf einem CAD-Modell aufbauen, erfordern sowohl konventionelle Geometriedaten als auch die Semantik.

Die Modellierung der Semantik einer Konstruktion mittels Form Features ermöglicht einen wesentlich höheren Automatisierungsgrad innerhalb der Entwicklungsprozeßphasen. Während konventionelle CAD-Datenaustauschformate eine Übernahme von Geometrie und Zeichnungen zu weiterführenden Applikationen wie Berechnungs- und Simulationssystemen oder zur Arbeitsvorbereitung ermöglichten, ist eine automatische Weiterverarbeitung der Geometrie nicht möglich. Vielmehr muß der entsprechende Fachmann aus seinem Wissen

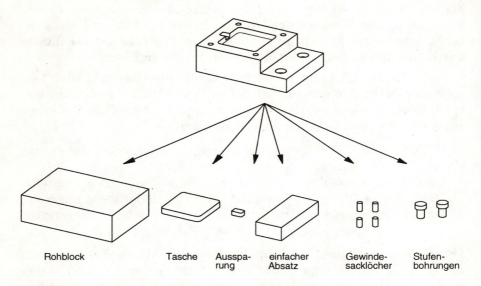

Abb. 7.21: Dekomposition eines Beispielteils in Form Features

über die Bedeutung einer Konstruktion heraus die entsprechenden Maßnahmen treffen.

Abb. 7.21 zeigt die Zerlegung eines Beispielwerkstücks in einzelne Form Features. Zur Vorbereitung der Fertigung des Werkstücks muß in der Arbeitsvorbereitung ein Plan erstellt werden, der die Reihenfolge für die einzelnen Bearbeitungsschritte festlegt. So ist es zum Beispiel nicht sinnvoll, die Stufenbohrungen direkt am Rohblock anzubringen, sondern erst wenn der einfache Absatz abgefräst wurde. Abb. 7.22 zeigt schematisch die Abhängigkeiten, die bei einem featurebasierten Arbeitsplan zu berücksichtigen sind.

Mit einem System, das entsprechende Regeln bei der Arbeitsplanerstellung berücksichtigen kann, ist es über die Form-Feature-Beschreibung möglich, einen Arbeitsplan automatisch zu erzeugen.

Zusätzlich erlaubt die Auswertung des Feature-Modells eine intelligente Konstruktionsunterstützung [Rol90a]. Dazu können Konstruktionsregeln zu verschiedenen Kriterien erfaßt werden, zum Beispiel bezüglich der Herstellbarkeit, der Kosten, der Wartbarkeit usw. [HiGo86, WiCo88]. Solche Design-Advicer-Systeme lassen sich in der Praxis aber nur für einen relativ eng begrenzten Anwendungsbereich erstellen.

7.3. Parametrische Form Features

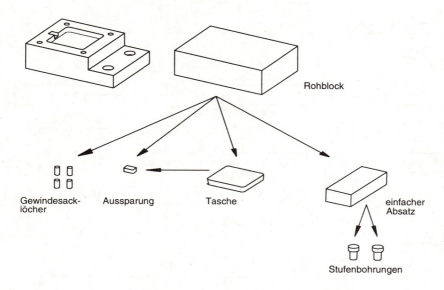

Abb. 7.22: Feature-basierte Arbeitsplanerstellung

Die Integration von Form Features in ein Volumenmodelliersystem wirft eine Reihe neuer Probleme auf [GZS88]. Zunächst stellt sich die Frage, ob Form-Features als Flächenverband oder als Teilvolumina modelliert werden sollen. Im Gegensatz zu Normteilen sind Features im allgemeinen nicht als komplett berandetes Teilvolumen im Sinne eines klassischen Volumenmodells definierbar [Pra91]. Ein Sackloch ist beispielsweise durch eine zylindrische Fläche und eine konusförmig verlaufende Bodenfläche gegeben. Nach der äußeren Seite hin ist das Sackloch offen, daß heißt nicht durch eine bestimmte Flächenform begrenzt.

Die Integration von Form Features in ein Volumenmodell erfordert daher die Unterstützung einer Non-Manifold-Topologie. Während Form Features prinzipiell als CSG- sowie als auch B-rep-Darstellung definierbar sind, liegt eine Präferenz bei der Berandungsdarstellung beim B-rep-Modell. Der Hauptgrund dafür ist, daß bei dieser Repräsentation unmittelbar Attribute, wie beispielsweise Fertigungsvorgaben, mit einzelnen Flächen assoziiert werden können.

Abb. 7.23 zeigt die typischen Beziehungen zwischen Geometrie, Topologie, Toleranzen und Form Features in einem B-rep-Modellierer als Entity-Relationship-Diagramm.

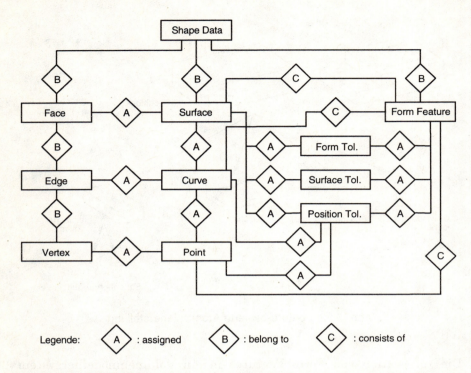

Abb. 7.23: Beispiel für Datenstrukturschema für Form Features in einem B-rep-Modellierer

Im folgenden wird eine Vorgehensweise für die parametrische Repräsentation von Form Features beschrieben [Rol89d, Rol92]. Die Parameter der Form Features gliedern sich dabei in:

- Maßparameter
- Lageparameter.

Maßparameter charakterisieren die Größe eines Form Features, während Lageparameter die Position beschreiben, an welcher ein Form Feature innerhalb der Konstruktion plaziert ist. Abb. 7.24 zeigt Maß- und Lageparameter am Beispiel eines Form Features *Langloch*, das an eine bestimmte Position innerhalb einer spezifizierten Fläche eines quaderförmigen Werkstücks angebracht werden soll.

7.3. Parametrische Form Features

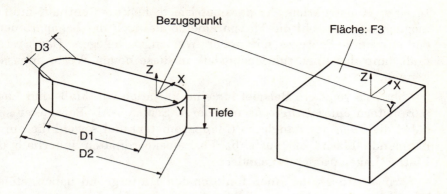

Abb. 7.24: Beispiel für Maß- und Lageparameter eines Form Features

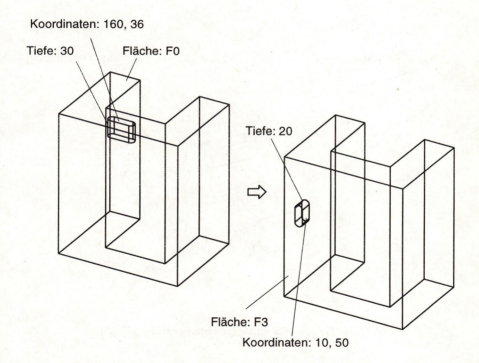

Abb. 7.25: Beispiel für Variation von Maß- und Lageparameter eines Form Features

In einer Konstruktion, die parametrisierte Features enthält, muß es möglich sein, sowohl die Maßparameter als auch die Lageparameter der einzelnen Features mit neuen Werten zu belegen. Das System muß dann das Konstruktionsmodell an diese neuen Werte anpassen können.

Abb. 7.25 zeigt ein Beispiel für eine Variation von Maß- und Lageparametern eines *Langlochs* in einer U-Schiene. Als Parameter sind dabei die Tiefe des Langlochs (Maßparameter) und sowohl die aufzunehmende Fläche als auch die Positionskoordinaten innerhalb der Fläche (Lageparameter) geändert.

Form Features, die einen funktionalen Hintergrund haben, stehen häufig in einer Abhängigkeitsbeziehung zu anderen Features. Solche Abhängigkeiten stellen bestimmte Restriktionen dar, die zur Funktionstauglichkeit erfüllt sein müssen. Abb. 7.26 zeigt voneinander abhängige Form Features am Beispiel einer einfachen Antriebsbaugruppe.

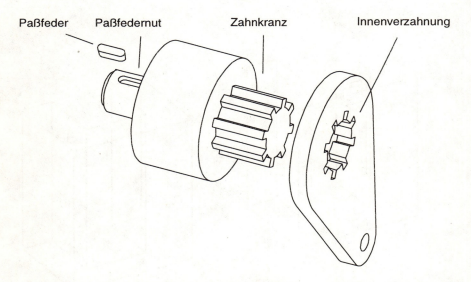

Abb. 7.26: Beispiel für Abhängigkeiten zwischen Features

Offensichtliche Restriktionen bestehen dabei zwischen Paßfeder und Paßfedernut sowie zwischen dem Zahnkranz und der Innenverzahnung. Diese Restriktionen beziehen sich auf die Übereinstimmung von

7.3. Parametrische Form Features

bestimmten Maßen oder allgemein auf eine bestimmte Relation zwischen korrespondierenden Maßen verschiedener Features.

Features, die voneinander abhängig sind, das heißt über eine bestimmte Restriktion gekoppelt sind, werden *abhängige Form Features* genannt. In der Datenstruktur werden abhängige Features dadurch repräsentiert, daß der geometrische Teil, auf den sich die Abhängigkeit bezieht, für die betreffende Gruppe von abhängigen Features nur einmal gespeichert wird. Die einzelnen Features erhalten einen Zeiger auf die Beschreibung dieser Geometrie und die Angabe der jeweiligen Abhängigkeitsrelation (zum Beispiel Gleichheit oder bestimmte Skalierung).

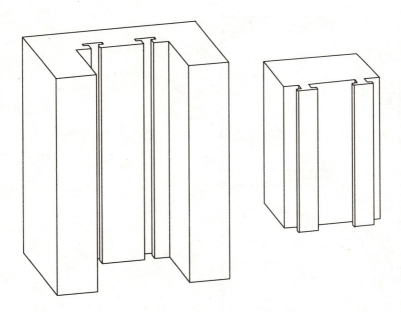

Abb. 7.27: Beispiel von Baugruppe mit abhängigen Features

Am Beispiel einer einfachen Baugruppe wird nun gezeigt, wie die Konstruktion mit abhängigen Form Features gestaltet werden kann. Abb. 7.27 zeigt die zu konstruierenden Teile. Es handelt sich dabei um ein u-förmiges Werkstück mit zwei Führungsnuten und einen zweiten quaderförmigen Teil, bei dem an der Längsseite zwei Gleitschienen angebracht sind. Die Gleitschienen müssen dabei genau in die entsprechende Führungsnut passen, so daß sich der quaderförmige Block im U-Profil verschieben läßt.

Bei der Konstruktion werden zunächst das u-förmige Werkstück und der quaderförmige Block erstellt. Bereits diese Konstruktion ließe sich feature-basiert durchführen. Um das Wesentliche besser herauszustellen, sollen im diesem Beispiel jedoch nur Gleitschienen und Führungsnuten als Features definiert werden. Dies setzt voraus, daß entsprechende Profile für Gleitschienen und Führungsnuten in einer Feature-Bibliothek vorhanden sind. Falls dies nicht der Fall ist, müßte ein entsprechendes abhängiges Form-Feature-Paar zum Beispiel durch Einsatz des in Kapitel 5.5 beschriebenen Verfahrens als parametrisches Profil in Verbindung mit einem 3D-Wert als Tiefe erzeugt werden.

2D-Werte	
D1	5
D2	5
D3	10
D4	(2*D1)
D5	(D3/2)
D6	(D1+1)
3D-Werte	
Nut	
Körper	K1
Position	F0
Koordinaten	
Schiene	
Körper	K2
Position	F2
Koordinaten	
Tiefe	

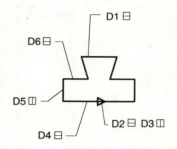

Abb. 7.28: Beispiel für Feature-Parametermenü

Abb. 7.28 zeigt beispielhaft ein Parametermenü und das zugehörige Feature-Profil, das beim Aufruf der Features dem Benutzer angezeigt wird. Der Benutzer übernimmt dabei entweder die Voreinstellungswerte der Profilmaße oder überschreibt sie.

7.3. Parametrische Form Features

Es ist zu bemerken, daß in diesem Beispiel die Distanzmaße D4, D5 und D6 in Relation zu D1 bzw. D3 definiert sind. Diese 2D-Werte sind für Gleitschiene und Führungsnut gemeinsam. Wenn als Abhängigkeitsrelation die Maßidentität als Restriktion hinterlegt wäre, würde es sich um einen "Preßsitz" handeln. Im vorliegenden Fall ist ein Skalierungsfaktor mit einer bestimmten Toleranzangabe praxisgerechter. Die Maße D2 und D3 legen den mit einem Dreieck markierten Referenzpunkt des Profils in horizontaler und vertikaler Richtung fest.

Im nächsten Schritt werden die 3D-Werte jeweils zum Einbau der Führungsnut und der Gleitschiene eingegeben. Abb. 7.29 zeigt das Datenstrukturschema dieser über abhängige Form Features konstruierten Baugruppe.

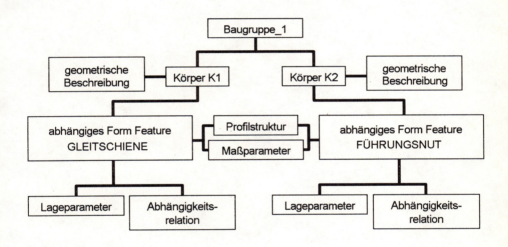

Abb. 7.29: Datenstrukturschema für komplette Baugruppe

Wenn nun im weiteren Verlauf des Lebenszyklus dieser Baugruppe Änderungen an den Maßen des Profils der Führungsnut oder der Gleitschiene vorgenommen werden, so werden immer automatisch beide voneinander abhängigen Formelemente entsprechend angepaßt. Dadurch ist weiterhin die Funktionstüchtigkeit gewährleistet.

Die Feature-Technologie bietet für die nächsten Jahre noch ein weites Feld für Weiterentwicklungen in CAD. Beispiele hierfür sind:

8. Verwaltung von Varianten

Nachdem in den vorangegangenen Kapiteln verschiedene Techniken zur Modellbildung mit CAD-Systemen erläutert wurden, werden im folgenden die Anforderungen und Methoden bezüglich der Datenverwaltung betrachtet. Neben Fragen zur Organisation der Datenspeicherung steht dabei der Datenaustausch zwischen CAD-Systemen und die Kopplung zu parallelen und nachfolgenden Computeranwendungen im Vordergrund.

8.1. Generelle Anforderungen an die Datenverwaltung

CAD-Systeme werden in der industriellen Praxis im Verbund untereinander betrieben und datentechnisch mit anderen Applikationen gekoppelt. Daher reichen einfache Dateisysteme für die Datenverwaltung nicht aus [Mei87]. Folgende Aufgaben sind zu bewerkstelligen:

- *Abbilden der physikalischen Verwandtschaft*

    Produkte bestehen typischerweise aus Baugruppen, diese gegebenenfalls wiederum aus Unterbaugruppen und Einzelteilen. Der Zusammenhang zwischen Einzelteilzeichnungen und der zugehörigen Baugruppe sowie der Zusammenhang zwischen Baugruppen, die ein Produkt spezifizieren, muß bei der Datenverwaltung abgebildet werden. Es sollte beispielsweise möglich sein, aus der Datenbank abzufragen, welche Teile zu einer vorgegebenen Baugruppe gehören.

- *Reduktion von Datenredundanz*

    CAD-Datenbestände haben in der Praxis einen enormen Umfang. Häufig müssen Datenvolumina von mehreren Gigabyte in der Konstruktionsabteilung on-line gehalten werden. Um zum einen die Datenmenge nicht unnötig zu vergrößern und zum anderen, um inkonsistente Daten zu vermeiden, muß auf eine möglichst geringe Datenredundanz geachtet werden.

Hierzu gehört beispielsweise, daß Einzelteilzeichnungen oder auch 3D-Modelle, die in mehreren Baugruppen Verwendung finden, nur einmal gespeichert werden. Es muß aber auch möglich sein, ein mehrfach verwendetes Teil innerhalb eines bestimmten Produkts abzuändern, ohne daß dabei alle anderen Konstruktionen, die dieses Teil beinhalten, beeinflußt werden.

- *Verwalten von organisatorischen Daten*

  Neben den eigentlichen Konstruktionsdaten sind eine ganze Reihe organisatorischer Daten zu verwalten. Beispiele hierfür sind Entwicklungsprojekte, beteiligte Abteilungen, Konstrukteure, verschiedene Entwicklungsstadien sowie Versionen und Revisionen von Konstruktionsmodellen.

- *Klassifizierung und Kodierung*

  Eine Verwaltung von Konstruktionsdaten, das heißt von CAD-Zeichnungen und 3D-Modellen, umfaßt große Datenvolumina. Selbst beim Neubeginn mit CAD, wenn nur wenige Arbeitsplätze im Einsatz sind, fallen schon im ersten Jahr oft bereits tausend und mehr Dateien an.

  Um eine effiziente Suche in einer CAD-Datenbank zu ermöglichen, müssen die abzuspeichernden Konstruktionen nach gewissen Kriterien bzw. Merkmalen klassifiziert werden. Schließlich wird das Klassifizierungsergebnis durch eine Kodierung in einen Zugriffsschlüssel übersetzt.

- *Netzwerkunterstützung*

  Wenn mehrere Arbeitsplätze im Einsatz sind, entstehen Daten an verschiedenen Stellen. Diese Daten müssen zwar gesamtheitlich erfaßt werden, brauchen jedoch nicht notwendigerweise an einer zentralen Stelle gespeichert sein.

  Vielmehr ist es sinnvoll, die Daten physikalisch möglichst nahe an den Stellen zu halten, an denen sie am häufigsten benötigt werden. Die Verwaltung solcher verteilter Datenbestände gehört mit zu den wichtigen Hauptaufgaben eines CAD-Datenbankmanagementsystems.

- *Datensicherheit, Datenschutz*

  Die mit CAD-Systemen erzeugten Daten übersteigen in kurzer Zeit den Anschaffungswert des Systems selbst. Es ist daher besonders wichtig, für eine entsprechende Datensicherheit zu sorgen. Hierzu gehört die Organisation des Erstellens von regelmäßigen Sicherungskopien.

  Durch die Vernetzung von Arbeitsplätzen untereinander spielt auch der Datenschutz eine wichtige Rolle. Durch ein geeignetes Datenmanagement muß sichergestellt sein, daß unbefugte Zugriffe sowohl lesender als auch schreibender Art auf Daten unterbunden werden. Es muß möglich sein, für die einzelnen Anwendergruppen und Anwender entsprechende Zugriffsrechte einzurichten.

  Besonders wichtig ist auch die Organisation eines Freigabemechanismus für CAD-Daten, das heißt eine kontrollierte Weitergabe von Konstruktionsdaten an nachgelagerte Stellen. Ohne entsprechende Datenbankmanagementsysteme sind solche Aufgaben praktisch nicht erfüllbar. Insbesondere durch die Forderung, Entwicklungszeiten zu straffen, und durch ein verstärktes paralleles Vorgehen bei der Produktentwicklung in Form des Simultaneous Engineering gewinnen sogenannte Workflow-Management-Systeme zunehmend an Bedeutung.

  Solche Systeme unterstützen neben der Datenhaltung auch den Produktentwicklungsprozeß in seinen zeitlichen Aspekten. Hierzu gehört das kontrollierte automatische Weitergeben von Daten bzw. Informationen an die beteiligten Stellen, um Totzeiten zu vermeiden.

8.2. Klassifikation und Sachmerkmale

Um eine Wiederverwendung von existierenden Konstruktionen zu unterstützen, muß ein effizientes Retrieval in der Datenbank möglich sein. Dabei müssen als Suchkriterien sowohl Produktmerkmale als auch organisatorische Informationen in Frage kommen. Dies macht es erforderlich, daß beim Abspeichern von Daten auch die Informationen hinsichtlich der Suchkriterien durch ein festzulegendes Klassifikationsschema mit abgelegt werden. Eine Möglichkeit ist dabei, Einzelteile bezüglich Formeigenschaften einzuordnen [Kyp80]. Abb. 8.1 zeigt als Beispiel hierzu ein einfaches hierarchisches Klassifikationsschema.

Eine rein hierarchische Klassifikation reicht jedoch in der Praxis üblicherweise nicht aus, da auch organisatorische Merkmale wie der Fertigungsort, der Konstrukteur oder übliche Losgrößen zu berücksichtigen sind.

In Abb. 8.2 ist ein matrixförmiges Klassifikationsschema dargestellt, das organisatorische Merkmale sowie das Werkstückmaterial als produktspezifisches Merkmal unterstützt.

In der Praxis muß ein Klassifikationsschema genügend breit aufgebaut werden, so daß bei der Suche nach einer bestimmten Konstruktion genügend Flexibilität besteht [EBK92]. Folgendes Beispiel soll dies verdeutlichen:

Ein Konstrukteur muß einen Flansch für eine Wellenaufnahme konstruieren. Er weiß, daß ein ähnlicher Flansch bereits existiert, kennt aber weder die Identnummer der Konstruktionszeichnung noch die genaue Bezeichnung des Produkts, in welchem der Flansch verbaut ist. Er erinnert sich aber, daß dieses Bauteil aus Messing war und nur in sehr kleinen Auflagen gefertigt wird. Seine Anfrage an die Datenbank lautet dann nach einem Teil mit dem Werkstückmaterial Messing, einer Losgröße kleiner 100 und rotationssymmetrischer, zylindrischer Bauform. Als Resultat auf diese Anfrage sollte die Datenbank eine Auflistung aller Konstruktionen erzeugen, die diese Merkmale erfüllen. Je präziser die Anfrage gestellt werden kann, desto enger kann die Einschränkung auf eine bestimmte Konstruktion erfolgen.

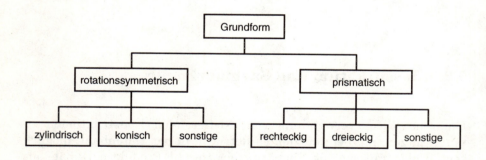

Abb. 8.1: Hierarchisches Klassifikationsschema

8.2. Klassifikation und Sachmerkmale

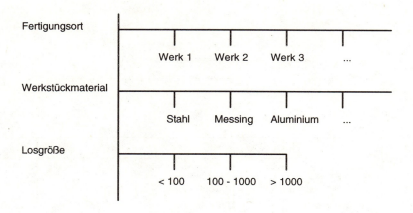

Abb. 8.2: Matrixförmiges Klassifikationsschema

Bei Normteilen und parametrischen Teilefamilien erfolgt die Klassifikation nur bis zur prinzipiellen Form eines Normteils bzw. bis zur Identifikation einer Teilefamilie. Die detaillierte maßliche Ausprägung einer Konstruktionsfamilie wird sinnvollerweise gar nicht gespeichert, sondern beim Abruf entsprechend den Vorgaben der Parameterwerte erzeugt.

Die Kriterien zur Auswahl innerhalb einer Teilefamilie werden *Sachmerkmale* genannt. Abb. 8.3 zeigt für eine Sechskantschraube nach DIN 960 die in DIN 4000-2-1 festgelegten Sachmerkmale. Die Auflistung von Sachmerkmalen wird auch *Sachmerkmalleiste* genannt.

Während für Normteile die zugehörigen Sachmerkmale in nationalen bzw. internationalen Standards vorgegeben sind, müssen für firmenspezifische parametrische Konstruktionen bzw. Teilefamilien entsprechende Sachmerkmalleisten noch erstellt werden [SchKi92].

Speziell wenn die gewichtigen Vorteile einer effizienten Änderungs- und Variantenkonstruktion optimal zum Tragen kommen sollen, ist die Entwicklung eines geeigneten firmenspezifischen Klassifikationsschemas sowie die Definition von Sachmerkmalleisten für parametrische Modelle von zentraler Bedeutung.

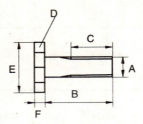

A	B	C	D	E	F	G	H	J
Gewinde-durch-messer	Länge	Gewinde-länge		Kopf-durch-messer			Material	
mm	mm	mm	mm	mm	mm	-	-	-

Abb. 8.3: Sachmerkmale nach DIN 4000-2-1 für DIN 960 Sechskantschraube

8.3. Datenaustausch

Wie bereits in Kapitel 1 deutlich wurde, entstehen beschreibende Daten für ein Produkt an verschiedenen Stellen im Unternehmen. Zur Vermeidung von doppelter Dateneingabe und den damit außerdem typischerweise verbundenen Fehlerquellen ist in einem modernen Umfeld die Notwendigkeit eines Datenaustauschs unabdingbar.

Für den CAD-Datenaustausch existieren sowohl verschiedene nationale als auch internationale Standards. Für Zeichnungsdaten ist weltweit das Format IGES (Initial Graphic Exchange Specification) sehr verbreitet, in Deutschland ein Untermenge hiervon unter der Bezeichnung VDA-IS. Beim Austausch von Freiformflächen kommt vor allem in der Automobilindustrie häufig die vom VDA entwickelte Flächenschnittstelle VDA-FS zum Einsatz. Bereits seit 1985 wird in einer Arbeitsgruppe unter der ISO eine breit angelegte Norm für Produktdatenbeschreibung und Produktdatenaustausch unter der Bezeichnung STEP (Standard for the Exchange of Product Model Data) entwickelt [ISO93], der inzwischen zum ISO Standard mit der Nummer 10 303 geführt hat.

8.3. Datenaustausch

Alle Datenaustauschschnittstellen, seien es Industriestandards oder genormte Standards, bereiten jedoch bis heute ein grundsätzliches Problem, das in Abb. 8.4 in schematischer Darstellung gezeigt wird.

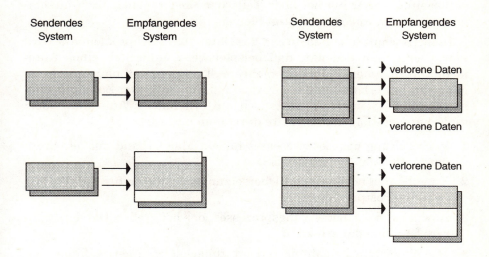

Abb. 8.4: Abbildungsproblematik beim Datenaustausch

Die Ideallösung, daß nämlich der Daten- bzw. Informationsumfang zwischen sendendem System und empfangendem System übereinstimmt, gibt es in der Praxis so gut wie nicht. Der Fall, daß das empfangende System die ankommenden Daten vollständig als Untermenge seines eigenen Datenumfangs verarbeiten kann, würde zwar keine Schwierigkeiten machen, kommt aber in der Praxis ebensowenig vor. Im Normalfall trifft eher eine der auf der rechten Seite von Abb. 8.4 dargestellten Situationen zu. Häufig geht ein Teil der Daten des sendenden Systems auf dem Übertragungsweg verloren. Hierfür gibt es eine Reihe von möglichen Ursachen:

1. Diese Daten sind in der Norm bzw. dem Datenaustauschstandard nicht oder unzureichend spezifiziert und werden daher vom Formatkonverter nicht berücksichtigt.
2. Das empfangende System hat einen unvollständig implementierten Postprozessor für das jeweils verwendete Datenaustauschformat.
3. Das empfangende System kann diese Art von Daten bzw. Informationen intern nicht repräsentieren.

Dabei kann es durchaus so sein, daß das empfangende System in seiner Mächtigkeit dem sendenden System insgesamt sogar überlegen aber nicht deckungsgleich ist. In diesem Falle nützt es nichts, wenn das empfangende System zwar sehr hochentwickelte Datenstrukturen verarbeiten kann, hierbei aber Teile der übertragenen bzw. ankommenden Daten unberücksichtigt bleiben.

Die wirtschaftliche Bedeutung der Datenaustauschproblematik wird klar, wenn man bedenkt, daß beispielsweise innerhalb eines Automobilunternehmens jährlich mehrere Tausend Datenaustauschvorgänge zu bewerkstelligen sind. Auch auf der Seite von Zulieferbetrieben entsteht beim Datenaustausch ein erheblicher Aufwand, wobei typischerweise folgende Schritte durchlaufen werden:

1. Vorbereitung des Leseprozesses für ein Magnetband mit der Standarddatei (zum Beispiel IGES).
2. Eingabe der notwendigen Übersetzungsparameter für den Formatierungs-Postprozessor.
3. Abwarten des Übersetzungsprozesses, der bei großen Dateien mehrere Stunden dauern kann.
4. Die übersetzte Zeichnung hat oft zunächst eine ganze Reihe von Unvollständigkeiten oder sogar Fehlern. Schraffuren können völlig anders aussehen oder ganz fehlen, zum Teil sind Maße falsch dargestellt, dabei ist im schlimmsten Fall ihre Zugehörigkeit zu bestimmten Geometrieteilen überhaupt nicht mehr erkennbar.
5. Kontaktaufnahme mit dem Absender, um eine Vereinbarung zu treffen, daß bei der Übertragung in das Standardformat andere Parameter gesetzt werden. Häufig erfolgt zusätzlich noch eine Übereinkunft über das Nichtbenutzen von bestimmten Repräsentationsmöglichkeiten im Ausgangssystem, um Übertragungslücken zu vermeiden oder zumindest zu minimieren.

Im folgenden wird die Mächtigkeit bzw. der Leistungsumfang einiger verbreiteter CAD-Datenaustauschstandards grob charakterisiert. Abb. 8.5 zeigt dies in einer tabellarischen Zusammenstellung für IGES, VDA-FS und STEP. Während die Standards IGES, VDA-IS und VDA-FS von vornherein jeweils für eine eingeschränkte Klasse von Produktdaten konzipiert wurden, ist STEP vom Ansatz her wesentlich breiter angelegt [And92].

Für STEP sind zunächst Spezifikationsmethoden entwickelt worden, insbesondere die Spezifikationssprache EXPRESS. Der Produktdatenaustausch basiert auf Informationsmodellen und sogenannten

Anwendungsprotokollen. Die Informationsmodelle gliedern sich dabei in:

1. Anwendungsspezifische Modelle (für technische Zeichnungen, Elektrik, Schiffsbau, Finite Elemente, Kinematik usw.)
2. Basismodelle (zur Repräsentation der geometrischen Gestalt, graphischen Darstellung, Erzeugnisstrukturen, Materialien usw.)

Die Anwendungsprotokolle beschreiben jeweils einen Ausschnitt der Basismodelle und geben vor, wie das Produktmodell von STEP zu verwenden ist. Um mit der Vielzahl von vorgesehenen Anwendungssprotokollen und Basismodellen zu einer umfassenden Norm zu kommen, muß STEP noch über Jahre hinweg weiter ausspezifiziert werden.

	IGES	VDA-FS	STEP
Zeichnungen	✓	-	✓
Freiformflächen	(✓)	✓	✓
Topologie	-	-	✓
Volumenmodelle	(✓)	-	✓
Parametrikmodelle	-	-	-
Elektrik und Elektronik	-	-	(✓)
Produktstruktur	-	-	✓
Fertigungsdaten	-	-	✓

Abb. 8.5: Charakterisierung des Umfangs verschiedener Datenaustauschnormen

Für die Klasse der parametrischen Modelle ist in STEP noch eine Lösung zu entwickeln. In Deutschland beschäftigt sich damit eine Arbeitsgruppe unter dem DIN NAM 96.4 und international eine parallele Gruppe unter ISO TC 184 SC4. Hier sind noch eine ganze Reihe von Problemen zu lösen. Der Austausch von parametrischen Daten setzt voraus, daß eine gemeinsame Funktionalität zwischen Systemen existiert. In der Praxis ist dies bis heute jedoch nicht der Fall. Eine Datenübertragungsmöglichkeit ohne Funktionen im Zielsystem, die diese Daten verarbeiten können, ist aber bedeutungslos.

Die Tatsache, daß auch vollspezifizierte geometrische Modelle im allgemeinen mehrfache Lösungen haben und die einzelnen Lösungsverfahren durchaus zu verschiedenen Lösungen konvergieren können, wie in Kapitel 5 dargestellt wurde, macht die Definition eines neutralen Austauschformats zwischen parametrischen CAD-Systemen besonders problematisch. Selbst wenn für eine bestimmte Maßwertekonstellation identische Lösungen von zwei verschiedenen Systemen gefunden würden, könnte dies schon bei nur geringfügig anderen Maßwerten nicht mehr der Fall sein.

Da allerdings der Benutzer im allgemeinen selbst kein besonderes Wissen über den Lösungsalgorithmus seines Systems hat, tut er sich unter Umständen auch ohne Datenaustausch schwer, sein Bemaßungsschema so zu spezifizieren, daß er genau die gewünschte Variante erhält.

Datenaustausch ist nicht nur innerhalb eines Unternehmens wichtig, in dem verschiedene CAD-Werkzeuge im Einsatz sind, sondern besonders auch in Konstellationen vom Typ OEM und Zulieferer. Gerade hier bietet ein Datenaustausch, der Restriktionen und parametrische Modelle mitübertragen kann, künftig ein enormes Potential für eine Effizienzsteigerung. An einem Beispiel aus der Automobilindustrie soll dies kurz untermauert werden.

Ein Fahrzeughersteller übergibt einem Zulieferer für Scheinwerfer Daten der betreffenden Karosseriegeometrie. Diese Karosseriedaten bilden eine Randbedingung für die Konstruktion der Scheinwerfereinsätze, die im übrigen auf Ausleuchtungskriterien hin zu optimieren sind. Idealerweise bindet nun der Scheinwerferkonstrukteur seine Geometrie per Restriktionen an die als Randbedingung vorgegebene Geometrie der Karosserie. Da im Sinne von Concurrent Engineering die Weiterentwicklung der Karosserie zeitlich parallel zur Scheinwerferkonstruktion erfolgt, sind Änderungen der Einbaubedingungen zu erwarten. Damit sich nun die bereits entwickelten Scheinwerferteile den veränderten Randbedingungen weitgehend automatisch anpassen können, ist über die parametrische Beschreibung des Scheinwerfers hinaus eine Assoziativität zu den Karosseriedaten erforderlich, so daß sich Karosserieänderungen entsprechend auf die Scheinwerfergeometrie auswirken.

8.4. Assoziation zu parallelen und subsequenten Applikationen

Bereits im vorangegangenen Unterkapitel wurde die Bedeutung einer engen Kopplung zwischen parallel verlaufenden Entwicklungstätigkeiten und nachgelagerten Anwendungen deutlich.

Ein Lösungskonzept dazu ist der Aufbau eines umfassenden Produktdatenmodells, das alle während des Produktlebenszyklus entstehenden produktbeschreibenden Daten beinhaltet [Goe92, Gau94]. Von besonderer Bedeutung sind dabei die Relationen zwischen Daten und Funktionen in verschiedenen Entwicklungsabschnitten. Wichtige Anwendungsbereiche, die in einem integrierten Systemumfeld CAD-Daten nutzen können, sind die Stücklisten- und Stammteileverwaltung, technische Berechnungen, Simulation, Analyse, Arbeitsplanung und Qualitätssicherung [Schee88].

Variantenkonstruktion und parametrische Modellierung stellen dabei bezüglich der Kopplung mit diesen Applikationsbereichen besondere Anforderungen, die im folgenden erläutert werden.

- *Stücklistenverarbeitung und Stammteileverwaltung*

  Stücklisten werden vom Konstrukteur entsprechend der verwendeten Teile in seiner Konstruktion erstellt. Auf technischen Zeichnungen erscheinen sie zu Dokumentationszwecken im Schriftfeld.

  Zur Disponierung bei der Fertigung müssen Stücklisten jedoch in Produktionsplanungs- und Steuerungssystemen (PPS) verwaltet werden. Um eine erneute Eingabe mit all ihren Fehlerquellen zu umgehen, wird die Stücklisteninformation vom CAD-System sinnvollerweise über eine Netzwerkverbindung zum PPS übertragen. Hierzu wird auf der Seite des CAD-Systems eine entsprechende Funktionalität erforderlich, die das Anmelden beim PPS und das Anstoßen der weiteren notwendigen Vorgänge zur Übertragung und Einbuchung ermöglicht.

  Konstruktionsänderungen können Auswirkungen auf die Stückliste haben. Diese Auswirkungen sollten automatisch nachvollzogen werden, eventuell unterstützt durch eine zu quittierende Meldung an den Benutzer. Bei freigegebenen Konstruktionsänderungen muß außerdem dafür gesorgt werden, daß die geänderte Stückliste in das PPS übernommen wird.

  Im Fall von parametrischen Konstruktionen können sich speziell bei der Nutzung von Topologieparametern Änderungen in der

Anzahl von Teilen ergeben. Auch hier sollte das CAD-System die neue Anzahl von zeichnerischen Elementen nicht nur in den Konstruktionsdaten, sondern auch im Teileverzeichnis festhalten.

Auch in umgekehrter Richtung besteht eine Beziehung zwischen CAD und PPS. Die Nutzung von bewährten und existierenden Teilkonstruktionen legt es nahe, daß der Konstrukteur wiederverwendbare Konstruktionsteile nicht nur in der CAD-Datenbank sucht, sondern auch zusätzliche Informationen bei seiner Entscheidung mit ins Kalkül zieht, bei Zukaufteilen zum Beispiel den Preis, die Qualität, die Lieferzuverlässigkeit usw.

Die vom CAD-Anwender neu erstellten Teile müssen nach Freigabe in die Stammteileverwaltung übernommen werden. Häufig wird dazu bereits zu Beginn einer Konstruktion eine vorläufige Teilenummer in der Stammteileverwaltung reserviert. Auch diese Vorgänge sollten von einem CAD-System durch eine entsprechende Kopplung zum kommerziellen System erfolgen, das die Stammteileverwaltung durchführt.

- *Technische Berechnungen*

  Eine wichtige Klasse von Berechnungsprogrammen basiert auf der Methode der Finiten Elemente (FE). Zur Berechnungsvorbereitung muß bei diesem Verfahren die Geometrie in ein Netz von kleinen Teileelementen zerlegt werden. Die Granularität des Netzes bestimmt dabei die Qualität des Berechnungsergebnisses, sie hat aber auch einen großen Einfluß auf die Rechenzeit. An kritischen Stellen der Konstruktion wird daher das Netz engmaschiger gewählt als in den restlichen Bereichen. Zur Unterstützung der Netzgenerierung kommen sogenannte Netzgeneratoren zum Einsatz.

  Eine besondere Problematik bei der Benutzung von CAD-Modellen zur Finite-Elemente-Berechnung besteht darin, daß aus Aufwandsgründen heraus bei symmetrischen Teilen nur derjenige Geometriebereich berechnet wird, der keine weitere Symmetrie mehr enthält. Außerdem wird das CAD-Modell dahingehend vereinfacht, daß nicht relevante Details wie beispielsweise kleine Radien weggelassen werden.

  Diese Modellvereinfachungen vorzunehmen und ein optimales Netz zu generieren ist eine nicht leicht zu erfüllende Anforderung an eine Softwareschnittstelle zwischen CAD- und FE-Systemen. Bei parametrischen Modellen und Variantenkonstruktionen ist zu fordern, daß sich ein zu einer Konstruktion assoziiertes FE-Modell

8.4. Assoziation zu parallelen und subsequenten Applikationen

automatisch anpaßt. Hierzu müssen per Software Beziehungen zwischen einem CAD-Modell und Anwendungen des Modells verwaltet werden.

Eine noch weitergehende Forderung besteht darin, daß Ergebnisse der FE-Berechnung das CAD-Modell in Form einer Rückkopplung automatisch beeinflussen sollen. So könnte beispielsweise bei einer Festigkeitsberechnung in einer Konstruktion eine zusätzliche Versteifungsrippe notwendig werden oder bei Spritzgußformen je nach entsprechenden Berechnungsresultaten für den Wärmefluß ein anderer Durchmesser für Einspritzkanäle erforderlich sein.

- *Simulation*

  Die Simulation ist ein wichtiges Hilfsmittel, um aufwendige Iterationen im Produktentwicklungsprozeß einzusparen. Ziel ist es dabei, die Funktionalität bzw. das Verhalten eines Produkts anhand eines Rechnermodells zu simulieren.

  Da mit dem CAD-Modell bereits eine digitale Beschreibung vorhanden ist, liegt es nahe, das Simulationsmodell auf der CAD-Datenstruktur aufzubauen. Nachdem die Simulation typischerweise über spezielle Softwarepakete durchgeführt wird, ist auch hier die Anforderung nach einer geeigneten Schnittstelle zu stellen.

  Es ergibt sich dabei im wesentlichen eine mit der Ankopplung zu Berechnungsprogrammen vergleichbare Situation. Änderungen des Konstruktionsmodells, die im Laufe der Weiterentwicklung entstehen, müssen sich kontrolliert auf das Simulationsmodell auswirken.

  In der Praxis kann eine auch noch so kleine Änderung des CAD-Modells die Funktionalität des zu entwickelnden Produkts erheblich beeinflussen bzw. ganz in Frage stellen. Es ist daher notwendig, daß bei Konstruktionsänderungen ein erneuter entsprechender Simulationslauf erfolgt. Durch eine automatische Anpassung des Simulationsmodells an die Konstruktionsänderung wird die Vorbereitungszeit zur Simulation minimiert.

- *Arbeitsplanung*

  Die Planung der einzelnen Fertigungsschritte sowie bei der Erstellung von NC-Programmen die Planung für die benötigten Werkzeugmaschinen erfolgt auf Basis des vom Konstrukteur entwickelten Modells.

  Unter Nutzung des Form-Feature-Konzepts läßt sich die Arbeitsplanerstellung teilweise automatisieren. Bezüglich der NC-

Programmierung ist zunächst festzuhalten, daß typischerweise nur ein Teil der Geometrie des CAD-Modells, z.B. eine bestimmte Kontur, für einen Fertigungsschritt übernommen wird. Es besteht daher die Anforderung, eine Beziehung zu modellieren, die die Assoziation zwischen CAD-Modell und verwendeter Teilgeometrie beschreibt, so daß bei Konstruktionsänderungen sich automatisch die Bearbeitungsgeometrie anpassen läßt.

In der Praxis dient jedoch die CAD-Geometrie nicht unmittelbar zur Ansteuerung von Maschinen. Vielmehr müssen die Werkzeugverfahrwege erst berechnet werden. Dabei fließen Werkzeugmaße mit ein und, zum Beispiel bei spanabhebenden Bearbeitungsvorgängen, auch die Vorgabe für die Größe des Vorschubs bei der Bearbeitung. So kann das Abfräsen eines Absatzes normalerweise nicht in einem einzigen Fräsdurchgang erfolgen. Vielmehr muß in mehreren Bearbeitungsvorgängen jeweils eine bestimmte Materialschicht abgetragen werden. Häufig muß dabei noch ein Werkzeugwechsel stattfinden. So kann beispielsweise zum Vorschruppen ein gröberer Fräser verwendet werden als bei der Feinbearbeitung im letzten Schritt.

Aus dieser Betrachtung heraus ergeben sich einige Probleme im Zusammenhang mit der automatischen Propagierung von Konstruktionsänderungen. Die Änderung eines Maßes in einer Konstruktion erfordert nicht nur eine entsprechende Neuberechnung der Werkzeugverfahrwege, sondern möglicherweise zusätzliche neue Arbeitsgänge wie beispielsweise einen weiteren Werkzeugwechsel.

Änderungen in den Toleranzvorgaben können völlig neue Bearbeitungsverfahren erfordern. Beispielsweise kann bei entsprechender Vorgabe einer Bohrung ein Hohnvorgang notwendig werden, oder bei Vorgabe einer bestimmten Rauhigkeit für eine zu bearbeitende Fläche nach dem Fräsvorgang ein Feinschliff erforderlich werden. Ein ultimatives Ziel muß daher sein, diese Entscheidungen bei Konstruktionsänderungen automatisch mit zu berücksichtigen.

- *Qualitätssicherung*

  Die Qualitätssicherung, kurz *QA* für *Quality Assurance*, ist insgesamt ein sehr umfangreiches Gebiet. Sie kann sich sinnvollerweise nicht nur auf eine Endprüfung beschränken, sondern muß begleitende Qualitätssicherungsfunktionen während des gesamten Produktentwicklungsprozesses sicherstellen. Die Anforderungen, die an die Umsetzung eines Qualitätssicherungsprozesses gestellt werden, sind in ISO 9000 spezifiziert.

Wichtige Aufgabengebiete der Qualitätssicherung sind unter anderem die Erstellung von Prüfplänen, die Organisation und Durchführung von Prüfungen, sowohl im Rahmen des Wareneingangs als auch im Zusammenhang mit der Fertigung und Montage in der eigenen Herstellung, sowie die Erstellung und Auswertung von Qualitätsstatistiken.

Allein schon die Tatsache, daß der Konstrukteur Toleranzen vergibt, legt eine Kopplung zwischen CAD- und CAQ-Systemen nahe. Analog zur Programmierung von NC-Werkzeugmaschinen sollte hier die Programmierung von numerisch gesteuerten Meßmaschinen (NC-Meßmaschinen) unter Bezugnahme auf die CAD-Geometrie erfolgen.

Prüfmethoden müssen sich nach den spezifizierten Toleranzen richten. Auch bei der Kopplung zwischen CAD- und CAQ-Systemen sind eine Reihe von nicht einfachen Problemen zu lösen. Die automatische Anpassung von Prüfplänen an Konstruktionsänderungen gestaltet sich dadurch schwierig, daß Geometrieänderungen nicht nur Änderungen von Meßpunkten notwendig machen können, sondern unter Umständen sogar völlig andere Messungen dadurch erforderlich werden.

Auch die Rückführung von Meßergebnissen in verdichteter und analysierter Form in die Konstruktion ist von großer Bedeutung. Nur wenn Probleme in der Konstruktion bekannt sind, können sie behoben werden. Die Nutzung von Qualitätssicherungsdaten zur automatischen Konstruktionsanpassung, zum Beispiel durch eine Bestimmung neuer Parameterwerte für ein parametrisches Modell, ist ein Feld, in dem noch grundlegende Forschungsarbeit zu leisten ist.

In der Praxis bereits realisierbar ist hingegen ein kontrollierter Informationsfluß zwischen dem CAQ- und CAD-Bereich durch den Einsatz leistungsfähiger technischer Informationssysteme.

9. Wirtschaftlichkeitsaspekte

Nachdem in den vorangegangenen Kapiteln verschiedene technologische Ansätze zur effizienten Umsetzung von Konstruktionsänderungen und -anpassungen mit CAD sowie zur Beherrschung der Teilevielfalt vorgestellt wurden, wird im folgenden die Wirtschaftlichkeitsseite näher beleuchtet. Dabei stehen zunächst Kostenfaktoren und der für das Unternehmen entstehende Nutzen im Vordergrund. Sie bilden die Grundlage für eine sinnvollerweise durchzuführende Rentabilitätsbestimmung bezüglich des Einsatzes von neuen Verfahren und CAD-Werkzeugen.

9.1. Kosten und Nutzen

Bei der folgenden Betrachtung wird vorausgesetzt, daß CAD-Systeme bereits im Einsatz sind und entsprechende Erfahrungswerte vorliegen. Hinsichtlich des Ersteinstiegs in die CAD-Welt und der Auswahl von CAD-Systemen nach Kosten/Nutzen-Bestimmungen sei der Leser auf allgemeine CAD-Einstiegsliteratur, wie z.B. das CAD-Handbuch [Enc84] verwiesen, in welchem in tabellarischer Form eine Vielzahl von zu berücksichtigenden Faktoren zusammengestellt sind.

Bei Neuanschaffungen von zusätzlichen Systemen sowie beim Ausbau bzw. bei Erweiterungen von bestehenden Arbeitsplätzen ist jedoch zu beachten, daß die Auswahl eines konkreten Systems oder Zusatzmoduls nicht ausschließlich auf der Basis von bestimmten CAD-Funktionen erfolgen sollte. Wie bereits im letzten Kapitel gezeigt wurde, ergeben sich neben der Konstruktion auch aus mehreren anderen Bereichen, die an der Produktentstehung beteiligt sind, wichtige Randbedingungen. Es müssen daher bei einer gesamtheitlichen Betrachtung bereichsübergreifende Anforderungen erfaßt werden, die schließlich maßgeblich bei der Entscheidungsfindung mit ins Kalkül zu ziehen sind [Rol95].

Im folgenden werden kurz die wesentlichen Aktivitäten beschrieben, die bei einer geplanten Anschaffung bzw. Erweiterung von CAD-Systemen durchzuführen sind.

1. *Erstellung des Anforderungsprofils*

   Zunächst ist ein detailliertes Anforderungsprofil zu erstellen. Dies sollte ohne Berücksichtigung von bestimmten auf dem Markt verfügbaren Systemen erfolgen. Wichtig ist dabei nicht nur, für welche Aktivitäten eine Unterstützung durch das anzuschaffende Werkzeug erfolgen soll, sondern auch wie häufig diese Aufgaben anfallen. Die Anforderungen sind dann entsprechend zu gewichten.

2. *Systemauswahl*

   Die Systemauswahl stützt sich maßgeblich auf die ermittelten Anforderungen. Die Praxis hat dabei gezeigt, daß dies jedoch nicht anhand von technischen Unterlagen sinnvoll geschehen kann.

   Neben der Tatsache, daß eine Funktion oder ein Funktionsbereich laut Datenblatt vorhanden ist, muß mit berücksichtigt werden, welche Einschränkungen bei der praktischen Anwendung gelten, wie die Bedienbarkeit ist und vor allem auch, wie sich die Laufzeiteffizienz verhält.

   Auch Vorführungen helfen hier nur dann weiter, wenn sie gezielt konkrete Beispiele aus dem firmenspezifischen Einsatzbereich betreffen.

3. *Hardware- und Softwarebeschaffung*

   Die meisten Sofwarepakete sind heute auf mehreren Hardwareplattformen lauffähig. Zum Teil gibt es für CAD-Software auch mehrere Anbieter. Von daher stellt sich die Frage sowohl nach einem Hardware- als auch nach einem Softwarelieferanten.

   Systeme, die aus "einer Hand" bezogen werden, bieten typischerweise den Vorteil, daß bei später auftretenden Problemen ein eindeutiger Ansprechpartner vorhanden ist.

4. *Einsatzvorbereitung*

   Auch wenn bereits CAD-Systeme im Einsatz sind, müssen eine Reihe von Vorkehrungen getroffen werden, bevor neuangeschaffte Produkte in Betrieb genommen werden können. Beispiele dafür sind entsprechendes Mobilar und Anschlußmöglichkeiten an ein Rechnernetz bzw. Aufbau eines Netzwerks.

5. *Schulung*

   Neue Funktionalität ist bei komplexen CAD-Systemen bezüglich der Benutzung zumeist nicht selbsterklärend. Es muß daher geprüft werden, ob zweckmäßigerweise eine externe Schulung oder eine spezielle Einweisung vor Ort durchgeführt werden soll.

6. *Installation und Integration*

   Bevor eine produktive Inbetriebnahme an einem (in der Regel immer zeitkritischen) Projekt erfolgen kann, muß eine Probeinstallation erfolgen und mit typischen Anwendungen getestet werden.

   Soweit neue Softwarekomponenten auf bestehenden Produkten aufsetzen, ist die entsprechende Integration vorzunehmen. Auch das Zusammenspiel zwischen Hardware und Software erfordert oft trotz sogenannter *offener Systeme* einen bestimmten Aufwand.

   Insbesondere ist sicherzustellen, daß Speicherausbau, Betriebssystem sowie eventuelle weitere Hardware- und Softwareschnittstellen korrekt bzw. passend konfiguriert und in der richtigen Version vorhanden sind.

Wenn ein neues System oder eine neue Komponente in den Tagesbetrieb überführt ist, fällt als fortlaufende Aktivität die entsprechende Systembetreuung an, die über das bisherige Maß hinaus zu bewerkstelligen ist.

Eine wesentliche Entscheidungsgrundlage für eine neue Investition sind sicherlich die Faktoren Kosten und Nutzen. Eine Kosten/Nutzen-Betrachtung ist im übrigen neben der Entscheidung für die Anschaffung eines neuen Systems bzw. den Ausbau einer bestehenden Konfiguration auch im nachhinein für eine laufende Erfolgskontrolle sinnvoll.

Allgemein werden Kosten in der Betriebswirtschaftslehre folgendermaßen definiert:

Kosten = Wert aller verbrauchten Güter und Dienstleistungen innerhalb einer Periode

Zu unterscheiden sind bei CAD *einmalige Kosten* und *laufende Kosten*. Einmalige Kosten ergeben sich im wesentlichen aus den oben aufgeführten Aktivitäten zur Unterstützung des Anschaffungsprozesses. Sie setzen sich zusammen aus:

- Erstellung des Anforderungsprofils
- Systemauswahl
- Hardware, Software
- Einsatzvorbereitung
- Schulung
- Installation und Integration

Die laufenden Kosten fallen auf zunächst unbeschränkte Zeit während des Einsatzbetriebs an. Die wesentlichen Faktoren sind dabei:

- Hardwarewartung
- Softwarepflege
- Systembetreuung
- Verzinsung des gebundenen Kapitals

Den Kosten einer Investition muß aus Wirtschaftlichkeitsgründen ein entsprechender Nutzen gegenüberstehen. Nach der üblichen Definition in der Betriebswirtschaftslehre ist der Nutzen definiert als

Nutzen = Summe der erbrachten Leistungen

Bei CAD ist der Nutzen vielfältig und setzt sich aus mehreren Komponenten zusammen. Man kann dabei zwischen quantifizierbarem und schwer quantifizierbarem, das heißt nicht ohne weiteres in Zahlen faßbaren Nutzen unterscheiden. *Quantifizierbarer Nutzen* ergibt sich beispielsweise aus:

- Produktivitätssteigerung in der Konstruktion
- Produktivitätssteigerung in anderen Bereichen
- Qualitätssteigerung durch bereichsübergreifende Optimierung

Ein typischer *schwer quantifizierbarer Nutzen* ist gegeben durch:

- einen größeren Wettbewerbsvorteil durch eine schnellere Produktentwicklung [Kön94]
- eine gestiegene Kundenzufriedenheit durch eine größere Teilevielfalt
- eine höhere Motivation und Loyalität von Mitarbeitern aufgrund der Unterstützung durch leistungsfähige Werkzeuge

9.2. Rentabilitätsbestimmung

Sowohl eine Neuanschaffung oder Systemerweiterung als auch der Tagesbetrieb von Systemen muß sich wirtschaftlich vertreten lassen. Unter der Wirtschaftlichkeit versteht man dabei folgenden Zusammenhang:

$$\text{Wirtschaftlichkeit} = \frac{\text{Wert einer zu erbringenden Leistung}}{\text{Zur Erbringung der Leistung notwendige Kosten}}$$

Da eine Wirtschaftlichkeitsberechnung die maßgebliche Entscheidungsbasis für eine Investition darstellt muß sie unter anderem folgenden Ansprüchen genügen:

- Sie muß eindeutig sein und darf keinen Spielraum für eine Interpretation lassen.
- Sie muß nachvollziehbar sein. Eine Berechnung auf der Basis von Zahlen, die nicht klar begründet sind, ist unzulässig.
- Sie muß überschaubar und verständlich sein, damit sie für die Entscheidungsträger eine Hilfe darstellt.

Wie bereits erwähnt, sollte eine Wirtschaftlichkeitsbestimmung sowohl vor als auch nach der Einführung eines neuen Systems durchgeführt werden. Sinnvolle Zeitpunkte sind dabei:

- nach der Anlernphase
- nach einem Jahr, wenn der Routinebetrieb erreicht ist
- jeweils bei Systemänderungen

Bei der Durchführung der Rentablitätsbestimmung kann eine *eindimensionale* oder eine *mehrdimensionale Zielsetzung* zugrunde gelegt werden. Ein Beispiel für eine eindimensionale Zielsetzung ist die vollständige Fokussierung auf eine Kostenreduktion.

In der Praxis ist jedoch eine mehrdimensionale Zielsetzung die häufigere Situation. Die Rentabilität ergibt sich dann aus einer sogenannten Nutzwertanalyse [Mer93]. Dazu werden folgende Schritte durchgeführt:

- Vorselektion anhand von KO-Kriterien
- Aufstellung des Zielsystems auf der Basis von ermittelten Anforderungen
- Festlegen von Gewichtsfaktoren

- Aufstellung einer Zielerfüllungstabelle für mögliche Anschaffungsalternativen
- Berechnung der einzelnen Nutzwertbeträge und des Gesamtnutzwerts
- Beurteilung der Ergebnisse

Wichtig ist in jedem Fall, daß in eine solche Berechnung nicht nur theoretische Zahlenwerte einfließen, sondern praktische Erfahrung in Form von experimentellen Untersuchungen und Auswertungen in Form von sogenannten *Benchmark Tests*[GAD91].

Zusammenfassend kann festgehalten werden, daß sich CAD-Systeme zu sehr leistungsfähigen Werkzeugen entwickelt haben. Sie ermöglichen bei weitem nicht nur eine Unterstützung bei der Routinetätigkeit. Die gezielte Nutzung von Normteilen und die effiziente Anpassung von bewährten existierenden Konstruktionen an neue Aufgabenstellungen ermöglichen eine signifikante Wirtschaftlichkeits- und Qualitätssteigerung.

Speziell durch hochentwickelte Modelliermethoden wie die parametrische Geometrierepräsentation und die semantische Modellierung mittels der Form-Feature-Repräsentation als Teil eines umfassenden Produktmodells ist eine durchgängige integrierte Unterstützung der Produktentwicklungsprozeßkette möglich.

Durch die damit erreichten kürzeren Durchlaufzeiten verbunden mit verbesserter Qualität führt dies letztlich zu einer bedeutenden Steigerung der Wettbewerbsfähigkeit.

10. Verfügbare Lösungen

Wie eine Studie im Rahmen der PRO-STEP-Aktivitäten ergeben hat, sind in Deutschland allein in der Automobilindustrie über 200 verschiedene CAD-Systeme im Einsatz. In diesem Kapitel sollen stellvertretend für die Vielzahl der bestehenden Lösungen einige der bedeutenden Systeme bezüglich ihrer Unterstützung der in diesem Buch beschriebenen Methoden aufgezeigt werden. Die Auswahl der Systeme beschränkt sich dabei auf solche, mit denen der Autor persönliche Erfahrungen sammeln konnte.

Ziel ist dabei nicht eine auch nur annähernd vollständige Beschreibung der Mächtigkeit der jeweiligen Systeme, sondern lediglich eine kurze Charakterisierung anhand von besonderen Merkmalen und Fähigkeiten. Aus einer nicht vorhandenen Angabe über eine bestimmte Eigenschaft darf daher keinesfalls geschlossen werden, daß diese im jeweiligen Produkt nicht vorhanden ist. Für eine umfassendere Darstellung der hier in alphabetischer Reihenfolge beschriebenen Systeme sei der Leser auf Broschüren, Datenblätter und sonstige technische Unterlagen der Anbieter verwiesen, deren Anschriften am Schluß dieses Kapitels aufgelistet sind.

10.1. Produkte

AutoCAD Designer

AutoCAD Designer basiert auf dem CAD-System *AutoCAD*, das besonders als PC-Lösung ein sehr weitverbreitetes System ist und eine führende Rolle einnimmt. Der *AutoCAD Designer* ist speziell für den Anwendungsbereich mechanische Konstruktion und Maschinenbau als ein Zusatzmodul für *AutoCAD* Release 12 und in Kürze mit erweiterter Funktionalität für *AutoCAD* Release 13 verfügbar.

AutoCAD Designer unterstützt sowohl den Aufbau von parametrisierten 2D- als auch 3D-Modellen. Die Eingabe einer parametrisierten 2D-Zeichnung erfolgt durch unmaßstäbliches Skizzieren mit konventionellen *AutoCAD*-Befehlen. Durch einen speziellen Befehl lassen sich automatisch für eine solche Skizze implizite Restriktionen erzeugen. Diese können als Piktogramme in die Konstruktion eingeblendet werden und vom Anwender bei Bedarf editiert, daß heißt gelöscht bzw. geändert werden. Zur Unterstützung des Aufbaus einer vollständigen Bemaßung wird die Anzahl der jeweils aktuellen Freiheitsgrade angezeigt. Überbemaßungen werden durch eine entsprechende Warnmeldung abgefangen.

Der 3D Teil basiert auf dem Kernsystem *ACIS*, erweitert um parametrische Fähigkeiten. Der Aufbau von 3D-Modellen wird durch das Prinzip der Arbeitsebenen unterstützt. Zum Konstruieren stehen ebenfalls Form Features, speziell Bohrung, Verrundung und Fase zur Verfügung. Während *ACIS* durchgehend ein B-rep-Modell mitführt, basiert die parametrische 3D-Erweiterung auf der zusätzlichen Speicherung der Konstruktionseingabesequenz.

Aus parametrisierten 3D Modellen lassen sich Ansichten für 2D-Zeichnungen erzeugen, wobei eine bidirektionale Assoziativität zwischen Zeichnung und 3D-Modell unterstützt wird. Sowohl für zweidimensionale als auch für dreidimensionale Modelle ist im übrigen ein Arbeiten auch mit einer unvollständigen Bemaßung möglich.

CADDS 5

CADDS 5 ist mit über 50 000 Arbeitsplätzen, hauptsächlich in der Luft- und Raumfahrt und dem Automobil- und Maschinenbau, ein weitverbreitetes 3D-Konstruktionssystem. Entwickelt und vertrieben wird *CADDS 5* von Computer Vision, einem 1969 in den USA gegründeten Unternehmen, das bereits seit langem zu den führenden CAD-Anbietern gehört.

In *CADDS 5* hat der Anwender die Möglichkeit, zwischen einem expliziten und einem parametrischen Designmodus zu wählen. Die Parametrikfähigkeit ist dabei als Ergänzungsmodul implementiert, wobei eine Datenkonvertierung zwischen parametrischem und konventionellem System auch einen nachträglichen Übergang in den jeweils anderen Modus ermöglicht.

CADDS 5 beinhaltet einen B-rep-Modellierer auf der Basis von Non-Uniform Rational B-Splines. Im Rahmen der 3D-Parametrik spielt der Konstruktionsweg eine zentrale Rolle. Dieser wird in Form eines sogenannten History-Graphen festgehalten, an welchem vom Anwender Modifikationen auch direkt vorgenommen werden können. Zur Darstellung von bestehenden Abhängigkeiten innerhalb des parametrischen Modells stellt *CADDS 5* verschiedene Werkzeuge zur Visualisierung zur Verfügung. Verschiedene Zwischenresultate einer Konstruktion können als sogenannte Checkpoints abgespeichert und über einen entsprechenden Recovery-Mechanismus wiederhergestellt werden. In der Revision 5 sind drei interessante neue Funktionsbereiche für die parametrische Modellierung abgedeckt:

- *Parametric Tolerance Modelling* zur Assoziierung von parametrischen Maßen mit Toleranzen für Einzelteile und für Baugruppen.
- *Table Driven Design* zur Erzeugung von Bauteilvarianten über Tabellen im ASCII-Format, die mit verschiedenen Tabellenkalkulationsprogrammen bearbeitet werden können.
- *Design Optimizer* für die Berechnung von Konstruktionsalternativen. Dies erfolgt unter bestimmten Vorgaben, wie einer Zielgröße und Variablen, die für die Optimierung verändert werden dürfen und für die gegebenenfalls einzuhaltende Grenzen als Minimal- und Maximalwerte vorgegeben sind.

Das Basispaket von *CADDS 5* heißt *Premium Engineering* und ist ergänzt durch über 85 integrierbare weitere Module, darunter neben dem Modul *Parametric Multipart Design* ein Zusatzmodul mit der Bezeichnung *Concurrent Assembly Mock-up*, welches im Rahmen des Concurrent Engineering die zeitgleiche Bearbeitung von Teilen eines Konstruktionsprojekts durch mehrere CAD-Anwender unterstützt..

CATIA Solutions

Die Produktfamilie *CATIA* ist in vielen Bereichen der gesamten Fertigungsindustrie, besonders im Automobil- und Flugzeugbau, verbreitet. Die von Dassault entwickelte Software wird in Europa von der IBM vertrieben und durch die IBM CAE-Vertriebsorganisation unterstützt.

Die Version 4 der *CATIA Solutions* ist die derzeit aktuelle Generation dieser Produktfamilie. Der Schwerpunkt in der neuen Funktionalität liegt dabei in der Unterstützung des Concurrent Engineering. Ein partitionierbares Datenmodell ermöglicht die simultane Bearbeitung durch mehrere Konstrukteure. Die Produktpalette der *CATIA Solutions* gliedert sich in:

- *CATIA Mechanical Design Solutions*
- *CATIA Shape Design and Styling Solutions*
- *CATIA Analysis and Simulation Solutions*
- *CATIA Equipment & System Engineering Solutions*
- *CATIA Applications Architecture Solutions*

Die *CATIA Mechanical Design Solutions* umfassen dabei alle Anwendungen im Bereich der Konstruktion bis zur Zeichnungserstellung. Modelle können auf Wunsch parametrisch aufgebaut werden. Dabei ist es in *CATIA* möglich, die Parametrisierung auf Teilbereiche eines Modells zu beschränken. Außerdem sind neben vollspezifizierten Teilmodellen auch unter- und überspezifizierte Konstruktionen handhabbar.

Mit Version 4, Release 1 ist in *CATIA* neben der Parametrik auch ein sogenanntes *Variational Solid Model* verfügbar, das leistungsstarke nichtparametrische Änderungsfunktionen wie zum Beispiel ein dreidimensionales Stretching beinhaltet.

Die *CATIA Application Architecture Solutions* ermöglichen die Integration von speziellen Zusatzmodulen unter Ausnutzung der internen *CATIA*-Funktionalität und bietet damit eine effiziente Basis für Erweiterungsmöglichkeiten.

Die Produktfamilie *CATIA Solutions* Version 4 wird sowohl auf den IBM RISC System/6000 Workstations als auch auf der Rechnerfamilie IBM ES/9000 unterstützt, wobei auf der Workstation-Basis erweiterte Darstellungsmöglichkeiten gegeben sind.

HP PE/ME10 und HP PE/SolidDesigner

Die Produkte *ME 10* und *SolidDesigner* sind die Basissysteme für den Bereich Konstruktion im Rahmen der HP-Precision-Engineering-Familie (HP PE) für das Anwendungsfeld Mechanik. Mit inzwischen über 45.000 Systemen haben sich diese Produkte weithin auf dem Weltmarkt etabliert.

HP PE/ME10 ist ein 2D-Konstruktions-, Zeichnungserstellungs- und Dokumentationssystem, das sich besonders durch seine effiziente Handhabung auszeichnet. Mit der Option 002 unterstützt *ME10* auch die parametrische Modellierung. Eine Auto-Constraining-Funktion ermöglicht die automatische Erzeugung eines vollständigen Satzes von Restriktionen zu konventionell erstellten *ME10*-Zeichnungen. Diese Restriktionen können mittels einer Anzeigefunktion als Piktogramme visualisiert werden. Der Anwender hat dann die Möglichkeit, gegebenenfalls unerwünschte Restriktionen zu löschen, bzw. neue Restriktionen zu spezifizieren.

ME10 in seiner derzeit aktuellen Version 6.0 ist sowohl als eigenständiges Produkt verfügbar als auch ein integraler Bestandteil des Volumenmodelliersystems *SolidDesigner*. Der *SolidDesigner* ist ein B-rep-Modellierer und basiert auf dem von Hewlett Packard weiterentwickelten Kernsystem *ACIS*. Freiformflächen sind in Form von Non-Uniform Rational B-Splines unterstützt. Der Modellaufbau erfolgt benutzerfreundlich über das Konzept von Arbeitsebenen und entsprechenden Bearbeitungsfunktionen. Dabei können Profile, die mit *ME10* konventionell oder über die Parametrikfunktion erstellt wurden, verwendet werden.

Varianten von dreidimensionalen Modellen lassen sich effizient durch dynamische Veränderungsfunktionen erzeugen. Da diese Variantenbildung nicht auf einem parametrischen Modell beruht, müssen auch keine besonderen Restriktionen modelliert und berücksichtigt werden. Gleichwohl lassen sich im bestimmtem Umfang solche Modifikationen durch Ändern von Maßen am dreidimensionalen Modell erreichen.

Zur umfassenden Steuerung des Produktentwicklungsprozesses dient der *HP-WorkManager* als zusätzliche Software zu *ME10* und *SolidDesigner*. Mit diesem System können unternehmensweite Produktdaten und Entwicklungsprozeßschritte organisiert werden. Eine Steuerung des Informationsflusses, wie sie mit dem *HP-WorkManager* ermöglicht wird, ist auch eine Grundvoraussetzung für die gleichzeitige Durchführung einzelner Projektphasen, das heißt für das Concurrent Engineering. Entsprechend dieser Aufgabenstellung läßt sich der *HP-WorkManager* auch in andere Anwendungssysteme integrieren und wird auf verschiedenen Hardwareplattformen und Betriebssystemen, darunter HPUX, AIX, DOS und MS-Windows, unterstützt.

I-DEAS Master Series

Die Produktfamilie *I-DEAS Master Series* der Structured Dynamics Research Corporation, kurz SDRC, ist ein volumenbasiertes CAE/CAD/CAM-System für die Automatisierung der Produktentwicklung mechanischer Teile und Baugruppen sowie für Anwendungen in der Elektrotechnik.

Alle *I-DEAS*-Pakete basieren auf dem *I-DEAS Master Modeler* als Systemkern, der Draht-, Flächen- und Volumenmodelle unterstützt. In der Version 1.3 sind mit *I-DEAS Variant Engineering* interessante Parametrikmöglichkeiten gegeben.

Im 2D-Teil werden sowohl Restriktionen als auch verbleibende Freiheitsgrade mittels des sogenannten *Dynamic Navigators* angezeigt. Es ist dabei auch ein Dragging, das heißt Verziehen der Geometrie, unter Beibehaltung der definierten Restriktionen möglich. Die Erzeugung von Varianten geschieht durch eine Implementierung auf Basis des Newton-Raphson-Ansatzes, wobei das Restriktionsnetz zur Geschwindigkeitssteigerung durch eine graphentheoretische Methode entkoppelt wird.

Die 3D-Parametrik basiert auf dem History-Ansatz. In Verbindung mit dem Modul *I-DEAS Master-Assembler* lassen sich komplexe Baugruppen modellieren, wobei Beziehungen zwischen Bauteilen bzw. Unterbaugruppen definiert werden können. Außerdem bietet das Modul *I-DEAS Tolerance-Analysis* Funktionalität zur Bestimmung und Optimierung von Toleranzen.

Eine besonders ausgeprägte Stärke von *I-DEAS* liegt seit jeher in der engen Kopplung zu Softwarekomponenten für Berechnungen und Simulation. In diesem Zusammenhang unterstützt *I-DEAS* eine bidirektionale Assoziativität zu FE-Netzen, das heißt, Modelländerungen werden einerseits zur FE-Berechnung durchpropagiert, Änderungen am FE-Modell ziehen andererseits entsprechende Modifikationen am Master-Modell nach sich.

Ein weiteres Beispiel für eine effiziente Unterstützung im Bereich FEM ist die implementierte Advicer-Funktionalität in verschiedenen Modulen. So beinhaltet der *Simulation Advicer* Regeln für Netzgenerierungen zur Finite-Elemente-Berechnung sowie Regeln zur Interpretation der Berechnungsresultaten.

Im übrigen ermöglicht das *Optimisation Module* eine Optimierung von Maßen, die im Master-Modell als veränderbar definiert wurden. Beispiele für Zielgrößen sind dabei Gewicht, Spannung und Verformung.

I/EMS

Das *Engineering Modelling System I/EMS* von Intergraph ist neben der TD-Serie von Intergraph-Workstations auch auf Rechnern von SUN und Silicon Graphics sowie auf PCs unter Windows NT verfügbar. Die Version 3 von *I/EMS* bietet sowohl für 2D- als auch für 3D-Anwendungen Parametrikfunktionalitäten.

Mit dem Werkzeug *SmartSketch* können unmaßstäbliche Geometrien skizziert werden. Ein Auto-Constraint-Mechanismus ermöglicht die automatische Generierung von impliziten Restriktionen, soweit diese nicht vom Anwender bereits direkt spezifiziert wurden. Die Darstellung von Restriktionen erfolgt in Symbolform durch sogenannte Constraint Handles. Die Berechnung von zweidimensionalen parametrischen Varianten werden mittels eines Gleichungslösers durchgeführt. Damit sind auch zyklische Abhängigkeiten zwischen Restriktionen erlaubt. Außerdem wird in *I/EMS* das zu lösende Gleichungssystem zur Steigerung der Effizienz durch einen graphentheoretischen Algorithmus entkoppelt.

Dreidimensionale Konstruktionen sind als Draht-, Flächen- und Volumenmodelle möglich. Im Gegensatz zum 2D-Teil basiert hier der parametrische Ansatz auf der Speicherung der Konstruktionsreihenfolge in Form eines sogenannten Modellgraphen. Zeichnungen sind bidirektional assoziativ mit dem entsprechenden Modell verbunden, so daß sich Zeichnungsänderungen auf das Modell und umgekehrt Modelländerungen auf die zugehörigen Zeichnungen auswirken.

Über das Konstruktionssystem hinaus sind eine Vielfalt von Zusatzpaketen für Analyse und Fertigungsvorbereitung verfügbar, die assoziativ an *I/EMS* gekoppelt sind. Außerdem ist zur Produktdaten- und Zeichnungsverwaltung ein integriertes auf Client/Server-Basis arbeitendes EDM-Werkzeug unter der Bezeichnung *I/PDM* verfügbar.

Pro/ENGINEER

Die im Jahr 1985 von erfahrenen CAD-Entwicklern in den USA gegründete Firma Parametric Technology Corporation hat mit ihrem Produkt *Pro/ENGINEER* von vornherein ein dreidimensionales Volumenmodelliersystem entwickelt, das vollparametrisch ausgelegt ist. Wegen der grundlegenden Neuentwicklung mußten keine konventionell erstellten Datenmodelle berücksichtigt werden.

In der Bundesrepublik Deutschland wird *Pro/ENGINEER* neben der deutschen Parametric Technology Tochter auch von ISICAD vertrieben. *Pro/ENGINEER*, inzwischen bei Version 14 angelangt, wird auf über 60 Hardwareplattformen unter UNIX, ULTRIX, VMS und auf PCs unter Windows NT unterstützt.

Mit seinem dreidimensionalen Parametrikansatz war *Pro/ENGINEER* als eine der ersten Implementierungen richtungsweisend für viele andere Entwicklungen. Im Gegensatz zu den meisten Volumenmodellierern arbeitet *Pro/ENGINEER* intern nicht mit booleschen Operationen, sondern baut ein Modell schrittweise über lokale Operationen aus Form Features zusammen.

Mit *Pro/ENGINEER* wird grundsätzlich jede Konstruktion als dreidimensionales parametrisches Modell eingegeben. Dabei überprüft das System durchgängig die Vollständigkeit der Parametrisierung.

Pro/ENGINEER-Modelle sind daher nie unterspezifiziert und liefern immer eine umfassende geometrische Beschreibung für die Fertigung. Als Parameter unterstützt *Pro/ENGINEER* sowohl Maßparameter als auch bestimmte Strukturparameter wie z.B. die Anzahl von Form-Features in einer bestimmten Anordnungskonstellation.

Für Modelle, die mit *Pro/ENGINEER* erstellt werden, zeichnet das System immer die Folge der Entstehungsschritte auf. Die Erzeugung von Varianten erfolgt durch erneutes Abarbeiten der gespeicherten Entstehungsvorschrift mit den jeweils aktuellen Parameterwerten. Technische Zeichnungen werden nicht als separate 2D-CAD-Dateien gespeichert; vielmehr erfolgt die Annotation, das heißt Bemaßung, Schraffur usw. direkt am dreidimensionalen Modell. Die Visualisierung einer Zeichnung auf dem Bildschirm sowie der Ausdruck erfolgen durch Projektion der verschiedenen Ansichten und Schnittdarstellungen des dreidimensionalen Modells. Auf diese Weise sind in *Pro/ENGINEER*-Zeichnungen immer bidirektional assoziativ zu den 3D-Modellen.

Nachdem *Pro/ENGINEER* grundsätzlich parametrisch unter Nutzung der Reihenfolge der einzelnen Konstruktionsschritte aufbaut, können herkömmliche, mit anderen Systemen erstellte CAD-Modelle nicht ohne weiteres in das System übernommen werden. Jedoch bietet *Pro/ENGINEER* Ausgabeschnittstellen zu anderen CAD-Systemen sowie die Ausgabe in Standardformaten. Neben dem Grundsystem gibt es für spezielle Anwendungen wie 3D-Verkabelung, Blechteilkonstruktion, Rohrleitungskonstruktion, Konstruktion von Spritzgußteilen usw. integrierbare Zusatzmodule. Darüber hinaus sind Lösungen für die Arbeitsvorbereitung und NC-Programmierung verfügbar.

STRIM100

Die *STRIM100*-Entwicklung begann 1973 in der Helikopter-Division von Aero Spatial in Frankreich. Im Jahr 1983 kam die Software auf den Markt und wird seit 1985 von der damals gegründeten Firma Cisigraph angeboten.

STRIM100 ist ein CAD/CAM/CAE-System, das von der 2D-Zeichnungserstellung bis zur 5-Achsen-Fertigung Funktionalität unter einer einheitlichen bedienerfreundlichen Benutzungsoberfläche anbietet. Der Anbieter Cisigraph gehört seit kurzem zu Matra Datavision, der Entwicklungsfirma des CAD-Systems *EUCLID*.

Die besonderen Stärken von *STRIM100* liegen traditionell im Bereich der Freiformmodellierung. Derzeit aktuell ist Version 5.4. Typische Einsatzbereiche für *STRIM100* sind Werkzeug-, Formen-

und Modellbau. Insbesondere in der Konstruktion von Spritzgußformen und in der Modellierung von Freiformflächen, speziell im Automobil- und Flugzeugbau, ist *STRIM100* weit verbreitet. Die Software wird auf Silicon Graphics unter IRIX, auf Hewlett Packard unter UNIX und auf DEC Computern unter VMS sowie ULTRIX unterstützt.

STRIM100 basiert auf der Beziertechnik zur Repräsentation von Freiformkurven und -flächen. Während das 2D-Paket die Erzeugung von Varianten durch Modifikation von Journaldateien - von Cisigraph *Macrofile Mode* genannt - ermöglicht, wurde für 3D-Volumen- und Freiformmodellierung eine interaktive Parametrikunterstützung entwickelt.

Die Datenstruktur gliedert sich dabei in einen sogenannten Numerischen Speicher und einen Semantikgraph. Der Numerische Speicher kann unabhängig vom Modell gehalten werden und dient im wesentlichen zur Speicherung von Werten für Maßvariable. Damit lassen sich unter anderem Wertetabellen zur Erzeugung von Varianten ankoppeln. Der Semantikgraph besteht aus einem Positionengraph und einem Operationengraph und zeichnet die Reihenfolge der eingegebenen Operationen und entstandenen geometrischen Elementen auf.

Unterstützt werden sowohl numerische als auch geometrische Parameter. Während numerische Parameter in erster Linie Maßvariable sind, können geometrische Elemente als Parameter im Rahmen ihrer Typkonsistenz ebenfalls verändert werden. So kann beispielsweise eine gerade durch eine beliebige Kurve ersetzt werden.

Neben einem Modul für FEM-Netzgenerierung existiert für *STRIM100* auch ein leistungsfähiges CAM-Paket für die NC-Programmerstellung inklusive einer Stereolithographieschnittstelle.

UNIGRAPHICS

Dieses System wurde zunächst vom amerikanischen Luft- und Raumfahrtunternehmen McDonnell Douglas eingeführt, das 1967 die McDonnell Douglas Automation Company (McAuto) gegründet hat. Weitere hinzugekaufte Firmen, darunter United Computing mit den ursprünglichen Entwicklern von *UNIGRAPHICS*, wurden 1984 unter der neuen Dachorganisation McDonnell Douglas Systems Integration Company (MDSI) zusammengeführt, die dann für die Vermarktung von *UNIGRAPHICS* zuständig war. Im November 1991 übernahm schließlich Electronica Datasystems (EDS) das CAD/CAM-Geschäft von MDSI. In Deutschland wird *UNIGRAPHICS* von der EDS *UNIGRAPHICS* Division vertrieben.

Die traditionelle Stärke von *UNIGRAPHICS* liegt in der leistungsfähigen Integration mit der Fertigung. Während das System in USA, insbesondere im Flugzeug- und Fahrzeugbau, weit verbreitet ist, wird es in Europa auch häufig in der Betriebsmittelkonstruktion eingesetzt. Die Software wird auf Rechnern von DEC, IBM, HP, SUN und Silicon Graphics unterstützt.

UNIGRAPHICS ist auf *Parasolids* aufgebaut, einem Solid-Modelling-Kern, der ein Nachfolgeprodukt des früheren Volumenmodellierers *Romulus* ist. *Parasolids* basiert auf einem B-Rep-Modell mit Koordinatendarstellung in double precision und unterstützt eine kontinuierliche Validitätsprüfung. Die interaktiven graphischen Programmiersprachen *GRIP* und *GRIP/NC* ermöglichen das Abfragen sowie die Generierung und Manipulation von Daten in *UNIGRAPHICS* zur anwendungsspezifischen Weiterentwicklung der geometrischen Modellierung und NC-Programmierung.

Die derzeit aktuelle Version 10 beinhaltet neben konventioneller Volumen- und Freiformmodellierung auch 3D-Parametrikfunktionalität. Neben der Eingabe mit dem *Sketcher Modul* ermöglicht dazu für konventionell erstellte Profile ein Auto-Constraint-Mechanismus die Erzeugung von Restriktionen. Alle Restriktionen sind in *UNIGRAPHICS* jedoch voll editierbar, das heißt, sowohl automatisch erzeugte als auch vom Benutzer eingegebene Restriktionen können entsprechend geändert werden. Speziell durch die Möglichkeit, auch mit unvollständigen Dimensionierungsschemata zu arbeiten, werden frühe Konstruktionsphasen mitunterstützt. Die Freiheitgrade von angewählten Objekten werden dem Benutzer als graphisches Feedback angezeigt.

Die Stärken im Bereich der Fertigungsintegration drücken sich unter anderem durch eine Assoziativität zwischen dem geometrischen Modell und den zugehörigen Werkzeugverfahrwegen aus. Im übrigen existieren für die Fertigungsvorbereitung mehrere CAM-Module für 2D- und 2 1/2-D-Fräsen, für 3- bis 5-Achsen-Bearbeitung, Taschenfräsen, Stanzen und Laserbearbeitung sowie für weitere Fertigungstechnologien.

10.2. Anbieteradressen

Cisigraph GmbH Bretonischer Ring 4b (Technopark) 85630 Grasbrunn	Telefon: Telefax:	0 89 / 46 10 09-28 089/46 10 09-40
EDS Unigraphics Systems GmbH Hohenstaufenring 48-54 50674 Köln	Telefon: Telefax:	02 21 / 2 08 02 51 02 21 / 2 08 02 44
Hewlett-Packard GmbH Eschenstr. 5 82024 Taufkirchen	Telefon: Telefax:	0 89 / 6 14 12-231 0 89 / 6 14 12-300
IBM Deutschland Informationssysteme GmbH Geschäftssegment CAE 70548 Stuttgart	Telefon: Telefax:	0 70 31 / 17-27 00 0 70 31 / 17-29 54
INTERGRAPH (Deutschland) GmbH Adalperostr. 26 85737 Ismaning (bei München)	Telefon: Telefax:	0 89 / 9 61 06-0 0 89 / 9 6 12-8 17
ISICAD GmbH CAD/CAM-Systeme Geschäftsstelle Leipzig Fritz-Reuter-Str. 13 04430 Böhlitz-Ehrenberg	Telefon: Telefax:	03 41 / 44 611-0 03 41 / 44 61-131
Parametric Technology GmbH Paul-Gerhardt-Allee 50a 81245 München	Telefon: Telefax:	0 89 / 8 96 94-0 0 89 / 8 96 94-150
SDRC Software und Service GmbH Marketing-Kommunikation Martin-Behaim-Str. 12 63263 Neu-Isenburg	Telefon: Telefax:	0 61 02 / 7 47-0 0 61 02 / 7 47-2 99

Literaturverzeichnis

[Abe90] Abeln, O.: Die CA...-Techniken in der industriellen Praxis, Carl Hanser Verlag, 1990.

[Ald88] Aldefeld, B.: Variation of geometries based on a geometric-reasoning method, *Computer-Aided Design*, Vol. 20, No. 3, April 1988, S. 117-126.

[And92] Anderl, R.: CAD-Schnittstellen, Carl Hanser Verlag, 1992.

[AnFa90] Ansaldi, S.; Falcidieno, B.: Extracting and completing feature information in process planning application, in: M.J. Wozny, J.U. Turner, K. Preiss (eds.), Geometric Modelling for Product Engineering, Elsevier, 1990, S. 339-361.

[BeRo92] Berling, R.; Rosendahl, M.: Zur Modellierung von Invarianten auf Geometriekonstruktionen, in: F.-L. Krause, D. Ruland, H. Jansen (Hrsg.), CAD '92, Reihe Informatik Aktuell, Springer-Verlag, 1992, S. 345-360.

[Brü85] Brüderlin, B.: Using Prolog for constructing geometric objects defined by constraints, Proceedings of European Conference on Computer Algebra, Springer-Verlag, Berlin, New York, 1985.

[Brü86] Brüderlin, B.: Constructing three-dimensional geometric objects defined by constraints, Proceedings of workshop on interactive 3D Graphics, Chapell Hill, NC., 1986, S. 111-129.

[Brü93] Brüderlin, B.: Using geometric rewrite rules for solving geometric problems symbolically, *Theoretical Computer Science* 116, Elsevier, 1993, S. 291-303.

[Cam80] CAM-I´s Illustrated Glossery of Work-piece Form Features, Report No. R-80-PPP-02.1, CAM-I Inc., Arlington, Texas.

[CDG85]   Cugini, U.; Devoti, C.; Galli, P.: System for Parametric Definition of Engineering Drawings, MICAD '85, 1985.

[CFV88]   Cugini, U.; Folini, F.; Vincini, I.: A procedural system for the definition and storage of technical drawings in parametric form, in: D.A. Duce, P. Jancene (eds.), Eurographics '88, North-Holland, 1988, S. 183-196.

[ChSch90]   Chung, J.; Schussel, M.: Technical evaluation of variational and parametric design, Proceedings of ASME Computers in Engineering Conference, Boston, MA, 1990, S. 289-298.

[Chy85]   Chyz, G.: Constraint Management for CSG. Master Thesis, MIT, June 1985.

[CSG94]   Set-theoretic Solid Modelling Techniques and Applications, Proceedings of the CSG 94 Conference, Information Geometers Ltd., Winchester, UK, 1994.

[CuDi88]   Cunningham, J.J.; Dixon, J.R.: Designing with features: The Origin of Features, Proceedings of the 1988 ASME International Computers in Engineering Conference and Exhibition, Vol. 1, The American Society Of Mechanical Engineers, New York.

[DaSch92]   Dalitz E.; Schinner, P.: Konkurrenzfähig durch CAD - Variantenkonstrukion in der Radfertigung, *CAD CAM CIM*, Carl Hanser Verlag, März 1992, S. 42-44.

[DoWo90]   Dong, X.; Wozny, M.: Feature Volume Creation for Computer Aided Process Planning, in: M.J. Wozny, J.U. Turner, K. Preiss (eds.), Geometric Modelling for Product Engineering, Elsevier, 1990, S. 385-403.

[DRB93]   Du, Ch.; Rosendahl, M.; Berling, R.: Variation of geometry and parametric design, in: Zesheng Tang (ed.), New Advances in Computer Aided Design & Computer Graphics, International Academic Publishers, Beijing, China, 1993, S. 400-405.

[EBK92]   Eversheim, W.; Böhmer, D.; Kümper, R.: Die Variantenvielfalt beherrschen, *VDI-Z* 134, Nr. 4, 1992.

[Enc84]   Encarnacao, J.; Hellwig, H.-E.; Hettesheimer, E.; Klos, W.F.; Lewandowski, S.; Messina, L.A.; Poths, W.; Rohmer, K.; Wenz, H.: CAD-Handbuch, Springer-Verlag, 1984.

[EvCa90]   Eversheim, W.; Caesar, Ch.: Kostenmodell zur Bewertung von Produktvarianten, *VDI-Z* 132, Nr. 6, 1990.

[EvCa91]   Eversheim, W.; Caesar, Ch.: Produktionsnahe Kostenbewertung am Beispiel variantenreicher Serienprodukte, *DBW* 51, Nr. 4, 1991.

[Fau86]   Faux, I.D.: Reconciliation of Design and Manufacturing Requirements for Product Description Data Using Functional Primitive Part Features, Report R-86-ANC/GM/PP-01.1, CAM-I, Arlington, Texas, Dec. 1986.

[FiAn94]   Fields, M.C.; Anderson, D.C.: Fast feature extraction for machining applications, *Computer-Aided Design*, Vol. 26, No. 11, Butterworth-Heinemann Ltd., Nov. 1994, S. 803-813.

[Fiz81]   Fizgerald W.: Using axial dimensions to determine the proportions of line drawings in computer graphics, *Computer-Aided Design*, Vol. 13, No. 6, Nov. 1981, S. 377-382.

[Gau94]   Gausemeier, J. (Hrsg.): CAD ´94, Produktdatenmodellierung und Prozeßmodellierung als Grundlage neuer CAD-Systeme, Carl Hanser Verlag, 1994.

[Goe92]   Goebl, R.W.: Computer Aided Design: Produktmodelle und Konstruktionssysteme als Kern von CIM, Reihe Informatik, Band 76, Bibliographisches Institut & F.A. Brockhaus AG, Wissenschaftsverlag, Mannheim, Leipzig, Wien, Zürich, 1992.

[GAD91]   Grabowski; H.; Anderl; R.; Dienst, P.: Benchmarktests zur Untersuchung von CAD-Systemen, *VDI-Z* 133, Mai 1991.

[Gschw92] Gschwind, E.: Generation of Solid Models from Cross Sections, Dissertation, Universität Kaiserslautern, 1992.

[GZS88]   Gossard, D.; Zuffante, R.; Sakurai, H.: Representing dimensions, tolerances and features in MCAE systems, *IEEE Computer Graphics & Applications*, March 1988, S. 51-59.

[HaRo91]   Hagen, H.; Roller, D. (eds.): Geometric Modeling: Methods and Applications, Springer-Verlag, 1991, S. 251-266.

[HeAn84]   Henderson, M.R.; Anderson, D.C.: Computer Recognition and Extraction of Form Features: a CAD/CAM Link, *Computers in Industry* 5 (4), 1984, S. 315-325.

[HePa89]   ME 10d Mechanical Engineering CAD System Writing Macros Manual, Edition 1, Hewlett Packard, Böblingen, March 1989.

[HiBr78a] Hillyard, R.; Braid, I.: Analysis of dimensions and tolerances in computer-aided mechanical design, *Computer-Aided Design*, Vol. 10, No. 3, May 1978, S. 161-166.

[HiBr78b] Hillyard, R.; Braid, I.: Characterizing non-ideal shapes in terms of dimensions and tolerances, *Computer Graphics*, Vol. 12, No. 3, Aug. 1978, S. 234-238.

[HiGo86] Hirschtick, J.K.; Gossard, D.C.: Geometric Reasoning and Design Advisory Systems, Proceedings of the 1986 ASME International Computers in Engineering Conference and Exhibition, Chicago, IL, July 20-24, 1986.

[HoDa94] Hoschek, J.; Dankwort, W. (eds.): Parametric and Variational Design, Teubner-Verlag, Stuttgart, 1994.

[Hor92] Horn, K.: CAD-systemneutrale Erstellung und Datenhaltung von parametrisierten Variantenbibliotheken, Fortschrittberichte VDI, Reihe 20: Rechnerunterstützte Verfahren, Nr. 45, VDI Verlag, 1991.

[HRW94] Hel-Or, Y.; Rapporport, A.; Werman, M.: Relaxed parametric design with probabilistic constraints, *Computer-Aided Design*, Vol. 26, No. 6, June 1994, S. 426-434.

[ISO93] ISO-10303, Product Data Representation and Exchange-Part 1: Overview and Functional Principles, ISO/ICE Schweiz, 1993.

[Jos90] Joshi, S.: Feature Recognition and geometric reasoning for some process planning activities, in: M.J. Wozny, J.U. Turner, K. Preiss (eds.), Geometric Modelling for Product Engineering, Elsevier, 1990, S. 363-383.

[Kön94] Königsberger, R.: Durchlaufzeiten in der Konstruktion reduziert, *CAD CAM CIM*, Carl Hanser Verlag, München, Heft Oktober 1994.

[KKR92] Krause, F.-L.; Kramer, S.; Rieger, E.: Featurebasierte Produktentwicklung, *ZwF Zeitschrift für wirtschaftliche Fertigung* 87, 1992, S. 247-251.

[Kyp80] Kyprianou, L.K.: Shape Classification in Computer Aided Design, PhD thesis, Cambridge University, July 1980.

[LeAn85] Lee, K.; Andrews, G.: Inference of the positions of components in an assembly: Part 2, *Computer-Aided Design*, Vol. 17, No. 1, Jan. 1985, S. 20-24.

[LeFu87] Lee, Y.C.; Fu, K.S.: Machine understanding of CSG: Extraction and Unification of Manufacturing Features, *IEEE Computer Graphics & Applications*, Vol. 7, No. 1, Jan. 1987, S. 20-32.

[LeSo94] Lentz, D.H.; Sowerby, R.: Hole extraction for sheet metal components, *Computer-Aided Design*, Vol. 26, No. 10, Oct. 1994, S. 771-783.

[Lig79] Light, R.: Symbolic Dimensioning in Computer-Aided Design, Master Thesis, MIT, May 1979.

[LiGo82] Light, R.; Gossard, D.: Modification of geometric models through variational geometry, *Computer-Aided Design*, Vol. 14, No. 4, July 1982, S. 209-214.

[Mad93] Maderholz, R.: Meilensteine zum papierlosen Zuliefererkatalog, CAD-CAM Report Nr. 3, 1993, S.49-53.

[Män88] Mäntylä, M.: An Introduction to Solid Modeling, Computer Science Press, 1988.

[Mei87] Meier, A.: Erweiterung relationaler Datenbanksysteme für technische Anwendungen, Informatik-Fachberichte 135, Springer-Verlag, Berlin, Heidelberg, 1987.

[Mer93] Mertens, E.: Nutzwertanalyse zur Auswahl von CAD-Systemen, in: J. Hoschek (Hrsg.), Was CAD-Systeme wirklich können, Teubner-Verlag, Stuttgart, 1993, S. 119-132.

[MFGO94] De Martino, T.; Falcidieno, B.; Giannini, F.; Ovtcharova, J.: Feature-based modelling by integrating design and recognition approaches, *Computer-Aided Design*, Vol. 26, No. 8, Aug. 1994, S. 646-653.

[Owe91] Owen, J.: Algebraic solution for geometry from dimensional constraints, in ACM Symposium Foundation of Solid Modeling, Austin, Texas, 1991, S. 397-407.

[PPG94] Pierra, G.; Potier, J.C.; Girard, P.: Design and Exchange of Parametric Models for Parts Libraries, Proceedings of the 27th ISATA Conference on Mechatronics & Supercomputing Applications in the Transportation Industries, Automotive Automation Ltd, Croydon, England, 1994, S.405-412.

[Pra91] Pratt, M.J.: Aspects of Form Feature Modelling, in: H. Hagen, D. Roller (eds.), Geometric Modelling, Methods and Applications, Springer-Verlag, 1991, S. 227-250.

[Pra94] Pratt, M.: Towards optimality in automated feature recognition, in: H. Hagen, G. Farin, H. Noltemeier (eds.), Geometric Modelling, Springer-Verlag, 1994.

[PrWi85] Pratt, M.J.; Wilson, P.R.: Requirements for the Support of Form Features in a Solid Modeling System, Report No. R-85-ASPP-01, CAM-I Inc, Arlington, Texas, 1985.

[RaFr88] Ranyak, P.S.; Fridshal, R.: Features For Tolerancing A Solid Model, Proceedings of the 1988 ASME International Computers in Engineering Conference and Exhibition, ASME, New York, 1988.

[RBN88] Rossignac, J.R.; Borrel, P.; Nackman, L.R.: Interactive design with sequences of parametrized transformations, IBM Research Report No. RC 13740(61565) 5/12/88.

[Req77] Requicha, A.: Dimensioning and tolerancing, Production Automation Project University of Rochester, PADL TM-19, May 1977.

[RFM94] Rivest, L.; Fortin, C.; Morel, C.: Tolerancing a solid model with a kinematic formulation, *Computer-Aided Design*, Vol. 26, No. 6, Butterworth-Heinemann, June 1994, S. 465-476.

[RMK86] Roller, D.; Mainguy, J.-P.; Kurz, W.: Internal Design of Design Automation Software and its Consequences for the User, MICAD 86, Proceedings of the fifth European Conference on CAD/CAM and Computer Graphics, Hermes-Verlag, Paris, 1986, S. 765-783.

[RoGsch89] Roller, D.; Gschwind, E.: A Process Oriented Design Method for Three-dimensional CAD Systems, in: T. Lyche and L.L. Schumaker (eds.), Mathematical Methods of Computer Aided Geometric Design, Academic Press, New York, 1989, S. 521-528.

[Rol88] Roller, D.: Benutzbarkeitsaspekte von CAD-Systemen, CAD/CAM Manual 1988, Institute of industrial Innovation, Linz, 1988, S. 19-34.

[Rol89a] Roller, D.: A System for Interactive Variation Design, in: M. Wozny, J. Turner, K. Preiss (eds.), Geometric Modelling for Product Engineering, North-Holland, 1989, S. 207-220.

[Rol89b] Roller, D.: Effiziente Modellierung und Modellmodifikation von mechanischen Teilen, *CAD und Computergraphik*, Nr. 3/4, Wien, Okt. 1989, S. 115-123.

[Rol89c] Roller, D.: Design by Features: An Approach to High Level Shape Manipulations, Computers In Industry, Vol. 12, No. 3, North-Holland, July 1989, S. 185-191.

[Rol89d] Roller, D.: Constrained Features in Solid Modelling, Proceedings of: FAW Workshop CAD und KI Forschungsinstitut für anwendungsorientierte Wissensverarbeitung, Ulm, 13.-14. Dez. 1989.

[Rol90a] Roller, D.: Parametrische Formelemente als Basis für intelligentes CAD, in: K. Kansy, P. Wisskirchen (eds.), Graphik und KI, Springer-Verlag, Informatik Fachberichte 239, 1990, S. 92-102.

[Rol90b] Roller, D.: Variation Design Method Based on Expert System Technology, Proceedings of 23rd ISATA, Volume II, Automotive Automation Ltd., Craydon, England, 1990, S. 241-248.

[Rol91] Roller, D.: An Approach to Computer Aided Parametric Design, *Computer-Aided Design*, Vol. 23, No. 5, Butterworth, July 1991, S. 385-391.

[Rol92] Roller, D.: Constrained Form Features in Computer Aided Design, Proceedings of 25th ISATA, Volume Mechatronics, Automotive Automation Ltd., Craydon, England, 1992, S. 549-555.

[Rol93] Roller, D.: Compression and Decompression of Scanned Technical Documents, Proceedings of 26th ISATA, Volume Mechatronics, Automotive Automation Ltd., Craydon, England, 1993, S. 205-211

[Rol94a] Roller, D.: Method for generating graphical models, Patent No. 0 346 517, *European Patent Bulletin*, Issue January 26, 1994..

[Rol94b] Roller, D.: Method for generating graphical models and computer aided design system, Patent No. 0 397 904, *European Patent Bulletin*, Issue July 27, 1994.

[Rol95] Roller, D.: Werkzeuge für die Produktentwicklung, CAD-CAM Report, Dressler Verlag, Nr. 2, 1995, S. 50-61.

[Röm94]   Römer, S.: Automatische Ableitung eines parametrischen rechnerinternen Datenmodells aus gescannten Zeichnungen, in: J. Gausemeier (Hrsg.), CAD '94, S. 627-638.

[RoSt93] Roller, D.; Stolpmann, M.: GRIPSS: A GRaphical Idea-Processing & Sketching System, in: J. Rix, E.G. Schlechtendahl (eds.), Industrial Systems for Production and Engineering, North-Holland, 1993, S. 13-25.

[RSV89]   Roller, D.; Schonek, F.; Verroust, A.: Dimension-driven Geometry in CAD: A Survey, in: W. Strasser, H.-P. Seidel (eds.), Theory and Practice of Geometric Modelling, Springer-Verlag, 1989, S. 509-523.

[Schee88] Scheer, A. W.: CIM Computer Integrated Manufacturing, Computer Steered Industry, Springer-Verlag, 1988

[SchKi92] Schuster, P.; Kilian, Ch.: Parametrische Entwurfs- und Variantenkonstruktion, VDI Bericht Nr. 993.1, 1992, S. 85-100.

[Sha88]   Shah, J.J.: Feature Based Modeling Shell: Design and Implementation, in: V.A. Tipnis, E.M. Patton, Proceedings of the 1988 ASME International Computers in Engineering Conference and Exhibition, The American Society Of Mechanical Engineers, New York.

[SoBr91] Sohrt, W.; Brüderlin, B.: Interaction with constraints in 3D modeling, *International Journal of Computational Geometry & Applications*, Vol. 1, No. 4, World Scientific Publishing Company, 1991, S. 405-425.

[SoTu94] Sodhi, R.; Turner, J.U.: Relative positioning of variational part models for design analyses, *Computer-Aided Design*, Vol. 26, No. 5, May 1994, S. 366-378.

[SuKa87] Sunde, G.; Kallevik, V.: A dimension-driven CAD system - utilizing AI techniques in CAD, Report No. 860216-1, Senter for Industriforskning, Dec. 1987.

[Sun86]   Sunde, G.: Specification of shape by dimensions and other geometric constraints, IFIP WG 5.2 on Geometric Modeling, Rensselaerville, New York, May 1986.

[Sun87]   Sunde, G.: A CAD system with declarative specification of shape, Eurographics Workshop on Intelligent CAD Systems, Noorwijkerhout, The Netherlands, April 21-24, 1987, S. 90-104.

[ToCh93]   Toriya, H.; Chiyokura, H.: 3D CAD Principles and Applications, Springer-Verlag, 1993.

[VSR92]   Veroust, A.; Schonek, F.; Roller, D.: Rule-oriented method for parametrized computer-aided designs, *Computer-Aided Design*, Vol. 24, No. 10, Butterworth-Heinemann, Oct. 1992, S. 531-540.

[WaKi94]   Waco, D.L.; Kim, Y.S: Geometric reasoning for machining features using convex decomposition, *Computer-Aided Design*, Vol. 26, No. 6, June 1994, S. 477-489.

[War92]   Warnecke, H.-J.: Die Fraktale Fabrik, Springer, 1992.

[Wei86]   Weiler, K.: Topological Structures for Geometric Modeling, Ph.D Dissertation, RPI, Troy, New York, 1986.

[WiCo88]   Wilker, J.D.; Conradson, S.: Intelligent CAD: Design For Manufacturability Tools, in: Proceedings of the 2nd IFIP WG 5.2 Workshop on Intelligent CAD, 1988.

[YaVo88]   Yaramanoglu, N.; Vosgerau, F.H.: Anwendungen von technischen Regeln auf Formelemente zur Produktmodellierung. VDI Berichte Nr. 700.3, 1988.

[Zho94]   Zhou, X.: Darstellung und Blending einer Klasse analytischer Objekte mit Non-Uniform Rational B-Splines, Dissertation, Eberhard-Karls-Universität Tübingen, 1994.

Stichwortverzeichnis

A

Abstandsmaß, 90
ACIS, 186; 189
Advicer-Systeme, 154
affine Abbildung, 37
Analyse
    kinematische, 117
    Toleranz-, 145
    zerstörende, 4
    zerstörungsfreie, 4
Anforderungsprofil, 180
Anpassungskonstruktion, 5
Ansätze
    direkte, 69
    generative, 70; 101
    iterative, 69; 84
    regelbasierte, 69; 94
    sequentielle, 80
Anwendungsprotokoll, 171
Arbeitsebene, 29
Arbeitsplan, 4; 175
Ausarbeitung, 7
AutoCAD Designer, 185
automatische
    Restriktionserzeugung, 60
automatische Verrundung, 48

B

B-rep, 24
B-Splines, 23
Basismodelle, 171
Baugruppenstruktur, 25
Bedingungsrestriktionen, 58
Bemaßung, 20
    vollständige, 52
Benchmark Test, 184
Berandung, 26
Berührungsfläche, 56
Bewegungsabläufe, 117
Bewegungskurve, 122
Bewegungssimulation, 121
Bezier-Fläche, 23
Bildpunkte, 130
Boolesche Operationen, 28
Boundary Representation, 24

C

CA-Set, 95
CAD-Datenaustausch, 168
CAD-Makrosprachen, 75
CAD-Modelle
    2D, 19
    3D, 22
    parametrische, 51

CADDS 5, 186
CAE, 4
CAM, 4
CAP, 4
CAQ, 5
CATIA Solutions, 187
CD-Set, 95
CLC-Model, 99
Compound Loop Configuration Model, 99
Computer Aided Engineering, 4
Computer Aided Manufacturing, 4
Computer Aided Planning, 4
Computer Aided Quality Control, 5
Concurrent Engineering, 2
Constrained-based Modelling, 14
Constructive Solid Geometry, 24
Coons-Flächen, 23
CSG, 24

D
Datenaustausch, 168
Datenschutz, 165
Datensicherheit, 165
Datenverwaltung, 163
Dekomprimierung, 129
Design by Features, 150
Design Features, 149
Dimension-driven Systems, 13
direkte Variantenberechnung, 69
Drahtmodell, 23

E
Ecke, 26
Edge, 26
Einsatzvorbereitung, 180
Endkontrolle, 5
Entformungsschräge, 46
Entwurfsphase, 7
explizite Form Features, 149
explizite Restriktionen, 52
EXPRESS, 170

F
Face, 26
Fase, 46
FE-Modell, 175
Feature Recognition, 152
FEM, 4
Fertigungsplanung, 4
Fertigungstoleranz, 148
feste Maße, 63
Finite-Elemente-Methode, 4; 174
Fixpunkt, 117
Flächenbeschreibung, 23
Flächenmodell, 23
Flächenverformung, 46
flexible Maße, 63
Form Features, 148
   abhängige, 158
   explizite, 149
   implizite, 149
   parametrische, 156
Formschräge, 46
Formtoleranz, 143
Freiformflächen, 23
Freiheitsgrad, 67
funktionale Restriktionen, 57

G

generative Variantenberechnung, 70; 101
geometrische Restriktionen, 54; 57; 92
Gleichheitsrestriktionen, 58
Grauwert, 130
Grobentwurf, 15
Grundkörper, 24

H

hierarchisches Klassifikationsschema, 165
Hilfsgeometrie, 84
Hilfskreise, 84
Hilfslinien, 84
History-based Design, 13
homogene Koordinaten, 36
horizontales Maß, 89
Hülle, 26

I

I-DEAS Master Series, 189
I/EMS, 190
Identnummer, 20
IGES, 168
implizite Form Features, 149
implizite Restriktionen, 52
Installation, 181
iterative Variantenberechnung, 69

J

Jacobi-Matrix, 87

K

Kante, 26
Kantenmodell, 23
Kinematikmodell, 120
kinematische Analyse, 117
Klassifikationsschema
    hierarchisches, 165
    matrixförmiges, 166
Klassifizierung, 164
Kodierung, 164
Komprimierung, 129
Konstruktionsarten, 6
Konstruktionsautomatisierung, 16
Konstruktionsgeometrie, 84
Konstruktionsplangenerator, 136
konstruktive Körpergeometrie, 24
Konvergenzverhalten, 93
Konzeptionsphase, 7
Koordinatensystem, 35
    karthesisches, 35
    Kreis-, 35
    Kugel-, 35
    Zylinder-, 35
Körperflächen, 24
Körperkanten, 24
Kosten, 181
    einmalige, 181
    laufende, 182
Kreiskoordinatensystem, 35
Kugelkoordinatensystem, 35

L

Lageparameter, 156
Lagetoleranz, 142
Längenmaß, 90

LC-Modell, 98
lineare Abbildung, 37
logische Restriktionen, 54
lokale Operationen, 44
Loop Configuration Model, 98
Lösung
   generative, 101
   regelbasierte, 94
   sequentielle, 80
   simultane, 84

M

Makros, 75
Mannigfaltigkeit, 26
manuelle Restriktionserzeugung, 60
Manyfold Topology, 26
Maße
   feste, 63
   flexible, 63
   variabele, 63
Maßrestriktionen, 53
Maßrestriktionsbezeichner, 66
Maßtoleranz, 144
Maßvarianten, 71
Material Features, 149
matrixförmiges Klassifikationsschema, 166
ME10, 188
mehrstufige Restriktionsanzeige, 66
Methode
   generative, 101
   regelbasierte, 94
   sequentielle, 80
   simultane, 84
metrische Restriktionen, 57
Modell
   2D, 19
   3D, 22
   Kinematik-, 120
   parametrisches, 13; 74
   Produktdaten-, 9
Modellintegrität, 44
Modifikationsfunktionen, 44
Musterkonstruktion, 14

N

Näherungsverfahren, 86
NC-Meßmaschinen, 177
NC-Werkzeugmaschinen, 177
Netzgeneratoren, 174
Neukonstruktion, 5
Newton-Raphson-Methode, 87
Newton-Verfahren, 86
nichttriviale Restriktionskonstellationen, 113
Non-Manyfold Topology, 27
Normteilbibliotheken
   Anforderungen, 124
   systemneutrale, 125
Nullstellenbestimmung, 86
Nutzen, 182
Nutzwertanalyse, 183

O

Oberflächentoleranz, 143
Objekt
   valides, 26
Organisationsoptimierung, 2

Organisationsstrukturen, 2
over-constrained, 53

P

parametrische Form Features, 156
parametrisches Modell, 13; 74
Pixels, 130
Planning Features, 149
Planungsphase, 7
Poincaré-Regel, 26
Positionierungsrestriktionen, 56
PPS, 173
Primitiva, 24
Pro/ENGINEER, 191
Produktdatenmodell, 9; 173
Produktentwicklung, 8
Produktionsplanungs- und Steuerungssystem, 173
Profile, 28
Profilkonstruktion, 29
Prüfpläne, 177

Q

Qualitätsendkontrolle, 5
Qualitätskontrolle, 5
Qualitätssicherung, 5; 176
Quality Assurance Features, 149

R

Radiusrestriktionen, 66
Randdarstellung, 24
Rasterbilder, 129
Rasterung, 130
Referenzelemente, 142
regelbasierte Variantenberechnung, 69; 94

Rentabilität, 183
Replikationsbefehle, 135
Restriktionen
   Bedingungs-, 58
   explizite, 52
   funktionale, 57
   geometrische, 54; 57; 92
   Gleichheits-, 58
   implizite, 52
   logische, 54
   metrische, 57
   Positionierungs-, 56
   Radius-, 66
   technische, 57
   topologische, 58
   Ungleichheits-, 58
   Winkel-, 66
Restriktionsanzeige, 65
   mehrstufige, 66
Restriktionsbezeichner, 66
Restriktionseditierung, 60
Restriktionserzeugung
   automatische, 60
   manuelle, 60
Restriktionsfunktion, 57
Restriktionsgleichungen, 84
Restriktionskonstellationen
   nichttriviale, 113
   zyklische, 114
Retrieval, 69; 165
Root Sum Square Analysis, 146
Rotation
   2D, 37
   3D, 38

Rotation um x-Achse, 39
Rotation um y-Achse, 39
Rotation um z-Achse, 39

S

Sachmerkmale, 167
Sachmerkmalleiste, 167
Scanner, 130
Schnittkurven, 27
Schraffur, 20
Schriftfeld, 19
Schulung, 181
sequentielle Rekonstruktion, 80
Shell, 26
Simulation, 117
simultane Lösung, 84
Simultaneous Engineering, 2
Skalierung
   2D, 37
   3D, 38
skizzenartige Eingabe, 15
Solid Modelling System, 24
SolidDesigner, 188
Stammteileverwaltung, 173
STEP, 170
STRIM100, 192
Strukturparameter, 140
Strukturvarianten, 71; 133
Stücklistenverarbeitung, 173
Suchkriterien, 165
Symbole, 22
Systemauswahl, 180

T

technische Restriktionen, 57
Teilefamilien, 122
Tolerance Features, 149
Toleranzanalyse, 16; 145
Toleranzmodellierung, 142
Topologievarianten, 134
topologische Restriktionen, 58
Topology
   Manyfold, 26
   Non-Manyfold, 27
Translation
   2D, 36
   3D, 38

U

under-constrained, 53
Ungleichheitsrestriktionen, 58
UNIGRAPHICS, 193
unterspezifiziert, 53

Ü

überspezifiziert, 53

V

valides Objekt, 26
variable Maße, 63
Varianten
   Maß-, 71
   Struktur-, 71
Variantenberechnung
   direkte, 69
   generative, 70; 101
   iterative, 69; 84
   regelbasierte, 69; 94
   sequentielle, 80
Variantenkonstruktion, 5
Variantenprogrammierung, 74

Variational Geometry, 13
Variational Modelling, 13
Variationale Geometrie, 13
VDA-FS, 168
VDA-IS, 168
VDA-PS, 125
Verarbeitungsverfahren
    globale, 130
    lokale, 130
Verfahren
    direkte, 69
    generative, 70
    iterative, 69
    regelbasierte, 69
Verrundung
    automatische, 48
Verrundungsfläche, 48
Verrundungskante, 48
Verrundungsradius, 49
Verschiebung, 36
Vertex, 26
vertikales Maß, 89
vollspezifiziert, 53
vollständige Bemaßung, 52
Volumenmodelliersystem, 22

W

well-constrained, 53
Weltkoordinatensystem, 26
Werksnormen, 126
Wertetabelle, 123
Winkelmaß, 90
Winkelrestriktionen, 66
Wirkfläche, 56
Wirtschaftlichkeit, 183
Workflow-Management, 165
Worst Case Analysis, 145

Z

Zeichnungen
    Umsetzung konventioneller, 129
Zielsetzung
    eindimensionale, 183
    mehrdimensionale, 183
zyklische Restriktionen, 114
Zylinderkoordinatensystem, 35

Druck: Mercedesdruck, Berlin
Verarbeitung: Buchbinderei Lüderitz & Bauer, Berlin